COURS ÉLÉMENTAIRE

DE BALISTIQUE,

PAR IS. DIDION,

LIEUTENANT-COLONEL D'ARTILLERIE.

Adopté par M. le Ministre de la Guerre

Pour l'enseignement des Elèves de l'Ecole spéciale militaire de Saint-Cyr.

PARIS,

LIBRAIRIE MILITAIRE DE J. DUMAINE,

(ANCIENNE MAISON ANSELIN),

Rue et passage Dauphine, 30.

1852

Paris.—Impr. de Cosse et J. Dumaine, rue Christine, 2.

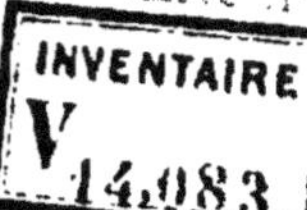

COURS ÉLÉMENTAIRE DE BALISTIQUE,

PAR IS. DIDION,

LIEUTENANT-COLONEL D'ARTILLERIE.

Adopté par M. le Ministre de la Guerre

Pour l'enseignement des Elèves de l'Ecole spéciale militaire de Saint-Cyr.

PARIS,
LIBRAIRIE MILITAIRE DE J. DUMAINE,
(ANCIENNE MAISON ANSELIN),
Rue et passage Dauphine, 30.

1852

V

AVANT-PROPOS.

La balistique, ou la science du mouvement des projectiles, a présenté jusqu'à ces derniers temps de grandes difficultés dans les applications. L'inexactitude dans l'expression de la résistance de l'air, et quelques circonstances du tir qu'on négligeait, empêchaient d'arriver à des résultats exacts; en outre, on avait introduit des simplifications qui éloignaient encore de la vérité.

Cependant, reconnaissant l'importance de cette science pour augmenter l'efficacité des armes à feu, M. le Ministre de la guerre en introduisait l'étude dans les écoles de tir. L'emploi des balles oblongues dans les armes rayées, permettant de tirer à des distances très-grandes, rendait d'ailleurs les applications de la balistique plus nécessaires.

Professeur du cours d'artillerie à l'École d'application de l'artillerie et du génie, à Metz, j'avais dû, dès 1838, m'occuper spécialement de la balistique, et j'étais parvenu à des formules rigoureuses et d'une très-grande simplicité. Elles ont été développées dans un traité de balistique publié en 1848, et ont déjà reçu la sanction de l'expérience.

M. le Ministre de la guerre, d'après un rapport du Comité de l'artillerie, a donné son approbation à ce dernier travail, et m'a chargé, en 1849, d'en extraire les matières de quelques leçons pour l'usage de MM. les élèves de l'École spéciale militaire de Saint-Cyr. Pour répondre à ces intentions, j'ai dû me baser sur des notions de mathématiques très-élémentaires, et par suite admettre l'expression de certaines valeurs dont je donne des tables calculées et de nombreuses applications au tir des armes. Le texte de ces leçons a d'abord été lithographié à l'Ecole spéciale militaire, les tables numériques seules étant imprimées. En vue d'une plus grande correction, M. le Ministre de la guerre en a autorisé l'impression.

TABLE DES MATIÈRES.

FIN DE LA TABLE DES MATIÈRES.

COURS ÉLÉMENTAIRE

DE BALISTIQUE.

PREMIÈRE LEÇON.

Mouvement des projectiles dans le vide.

1. *Des divers mouvements.*

Le *mouvement* d'un corps *est uniforme* (*) quand le corps parcourt des espaces égaux dans des temps égaux.

Dans le mouvement uniforme, la vitesse est égale au quotient de l'espace parcouru par le temps employé. Si E est cet *espace*, *t* le *temps*, V la *vitesse du corps*, on aura $V = \frac{E}{t}$. L'on aura aussi $t = \frac{E}{V}$ et $E = tV$.

Si la vitesse est, par exemple, de 450^m par seconde, dans chaque seconde le corps parcourra 450^m, et, dans un temps égal à $1^s,20$, il parcourra un intervalle $E = 450^m \times 1,20 = 540^m$; et, pour parcourir un intervalle de $67^m,50$, il faudra un temps de $\frac{67,50}{450} = 0^s,15$.

Lorsqu'un corps, d'abord au repos, est soumis à l'action d'une certaine force agissant sans interruption, sa vitesse est accélérée; la force est dite accélératrice. Si la force est constante, la vitesse est uniformément accélérée. La force accélératrice constante peut donc être et elle est effectivement mesurée par la vitesse qu'elle imprime à un corps après une unité de temps.

La pesanteur qui agit sur les corps à la surface de la terre est une force accélératrice.

(*) On rappelle ici quelques principes de mécanique et quelques résultats numériques dont on aura à faire l'application.

Quoiqu'elle varie avec la latitude et avec l'élévation au-dessus du niveau de la mer, on peut, sans erreur appréciable, en ce qui concerne la balistique, la regarder comme constante dans l'étendue que l'on considère. A Paris et aux latitudes peu différentes, elle est égale à 9m,809. Au nord et au midi de la France, elle est respectivement 9m,811 et 9m,803; le mètre et la seconde étant pris pour unité. On la représente, en général, par g.

Après un temps quelconque t, exprimé en secondes, la vitesse acquise sera gt; si t est 0s,25, la vitesse sera $V = 9^m,809 \times 0^s,25 = 2^m,4525$.

Dans le mouvement uniformément accéléré, les espaces parcourus sont proportionnels aux carrés des temps; et l'espace parcouru dans le temps t est $= \frac{1}{2} gt^2$. A Paris, pendant l'unité de temps, il sera $\frac{9^m,809}{2} = 4^m,9045$. Les vitesses, après des durées 0s,1, 0s,2, 0s,3, 0s,4, seront respectivement 0m,9809, 1m,9618, 2m,9427, 3m,9236...... Les espaces croissant comme les carrés 1, 4, 9.... de la suite mutuelle des nombres, seront respectivement 0m,049045, 0m,196180, 0m,441405, 0m,784620....

Si un corps, déjà animé d'une certaine vitesse dans le sens de la pesanteur, reste soumis à l'action de celle-ci, il continuera à se mouvoir, en vertu de sa vitesse acquise et de l'accroissement de vitesse gt qu'il recevra de l'action continue de la pesanteur pour chaque intervalle de temps t.

Si le corps est animé d'une vitesse V dans une direction verticale, et dans le sens opposé à la pesanteur, cette vitesse ira en diminuant de gt pour chaque intervalle de temps t. Il est facile de voir que, dans les mêmes intervalles de temps, il passera, en s'élevant, par les mêmes degrés de vitesse qu'en descendant, mais dans un ordre inverse.

La vitesse qu'un corps a acquise par l'action de la pesanteur dépend de la hauteur d'où le corps est descendu. Si h est cette hauteur, et t la durée, on aura $h = \frac{1}{2} gt^2$; et, comme on a $V = gt$ ou $t = \frac{V}{g}$, on aura $h = \frac{1}{2} g \frac{V^2}{g^2} = \frac{1}{2} \frac{V^2}{g}$ ou $V^2 = 2gh$.

Si le corps est animé d'une vitesse V dans la direction verticale, et dans le sens opposé à celui de la pesanteur, la hauteur h à laquelle il s'élèvera jusqu'à ce que sa vitesse soit réduite à zéro sera, donnée par la même relation que ci-dessus, et on aura également $h = \frac{V^2}{2g}$. Ces relations $h = \frac{V^2}{2g}$ et $V^2 = 2gh$ entre la hauteur h et la vitesse V sont fréquemment employées, et l'on dit que la vitesse V est due à la hauteur h et que la hauteur h est due à la vitesse V. On a dressé des tables numériques qui donnent les valeurs de h correspondantes à celles de V, et réciproquement (voir la table II).

Un corps sollicité par *deux forces* qui agissent dans deux directions différentes se trouvera, à la fin d'un temps quelconque, à l'extrémité de la *diagonale du parallélogramme* construit sur les lignes que chacune de ces forces lui aurait fait parcourir, dans le même temps, si elles eussent agi isolément.

Si les intervalles que l'on considère sont extrêmement petits, les intervalles parcourus par le point d'application des forces le seront également; en supposant les intervalles infiniment petits, les points trouvés formeront la trace continue du chemin parcouru par le corps ou la trajectoire qu'il suit.

2. Si, en vertu de la puissance de l'une des forces P (*fig.* 1), le mouvement du corps suivant OA doit être uniforme; et, si, en vertu de la seconde force Q, le mouvement suivant OB doit être uniformément accéléré, les longueurs OC_1, OC_2, OC_3... parcourues en vertu de la force P seront proportionnelles aux temps t_1, t_2, t_3.... et les espaces OD_1, OD_2, OD_3.. seront proportionnels aux carrés des temps. Alors, la trajectoire suivie par le mobile sera une parabole; c'est ce qui a lieu pour un corps considéré comme un point matériel projeté dans le vide.

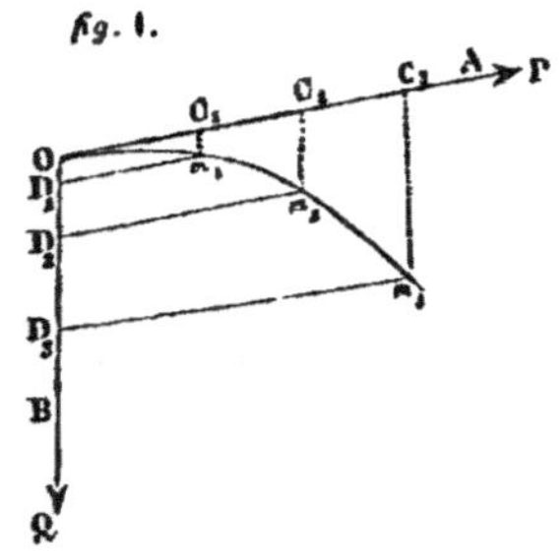

Supposons un projectile lancé dans une direction quelconque avec une vitesse initiale donnée. Il est d'abord évident que la pesanteur étant la seule force qui agisse sur le projectile, et la direction de celle-ci étant verticale, la courbe ou la trajectoire que suivra le mobile sera tout entière dans le plan vertical qui passe par la ligne suivant laquelle le corps a été projeté, ou ligne de projection; on n'aura donc à s'occuper que du mouvement du mobile dans le plan vertical.

Soit, dans un plan vertical, OA (*fig.* 2) la ligne de projection, OX une horizontale tracée dans ce plan, et OB une ligne verticale qui, par suite, sera perpendiculaire à OX. La pesanteur agira dans cette direction et dans le sens de OB, pour attirer le projectile vers la terre; elle l'attirerait également, si le sens de la vitesse était, comme OA', opposé à celui de OA; par conséquent, la courbe sera tout entière du même côté de la ligne OA.

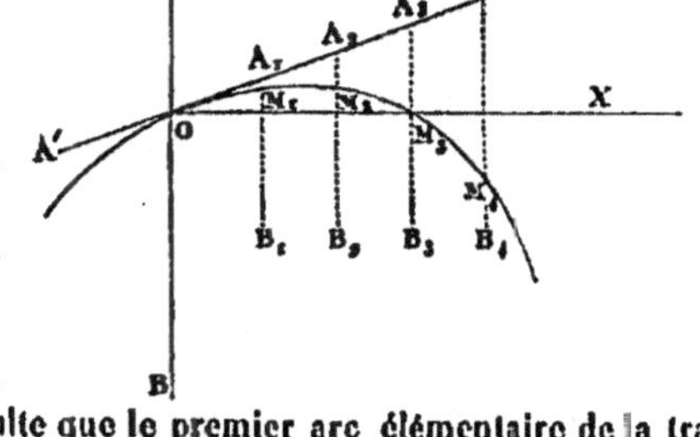

A l'origine du mouvement, le mobile a une vitesse déterminée suivant OA, et n'est animé d'aucune vitesse suivant OB. Il en résulte que le premier arc élémentaire de la trajectoire se confondra avec la ligne de projection OA. Plus loin, la pesanteur écartera progressivement le mobile de la ligne OA; c'est-à-dire que la trajectoire sera tangente à la droite OA au point O.

3. *Trajectoire décrite par points.*

On peut décrire la trajectoire par points; pour cela, soit V la vitesse initiale du projectile suivant OA et g la pesanteur. On prend sur la ligne OA des parties quelconques OA_1, OA_2, OA_3, OA_4...., et par chacun des points A_1, A_2, A_3, A_4... on trace les verticales A_1B_1,

A_2B_2, A_3B_3; soit $a_1 = OA_1$; $a_2 = OA_2$; $a_3 = OA_3$....; les durées t_1, t_2, t_3.... des chemins parcourus sur OA seront $t_1 = \frac{A_1}{V}$, $t_2 = \frac{a_2}{V}$; $t_3 = \frac{a_3}{V}$; les abaissements b_1, b_2, b_3,.... dus à la pesanteur dans ces temps seront $b_1 = \frac{g}{2} t_1^2$; $b_2 = \frac{g}{2} t_2^2$.... En portant la quantité b_1 de A_1 en M_1, la quantité b_2 de A_2 en M_2, la quantité b_3 de A_3 en M_3.... les points M_1, M_2, M_3, seront autant de points de la trajectoire.

Si l'on considère des intervalles de temps égaux à un dixième de seconde, les longueurs sur la ligne de projection seront $\frac{1}{10}$ V, $\frac{2}{10}$ V, $\frac{3}{10}$ V...., et les abaissements dus à la pesanteur seront respectivement $\frac{1}{100}$ 4^m,9015, $\frac{4}{100}$ 4^m,9015, $\frac{9}{100}$ 4^m,9015.... Ainsi, une balle de fusil, lancée sous une direction horizontale, avec une vitesse initiale de 450^m, après avoir parcouru des espaces de 45^m, 90^m, 135^m, mesurés suivant une horizontale, se sera abaissée des quantités 0^m,049, 0^m,196, 0^m,449, mesurées verticalement au-dessous de cette horizontale. Une bombe lancée avec une vitesse initiale de 120^m, suivant une ligne inclinée de 45°, par exemple, après avoir parcouru des espaces de 120^m, 240^m, 360^m, mesurés parallèlement à cette direction, se sera abaissée de 4^m,905, 19^m,618, 44^m,141, au-dessous de cette ligne inclinée. Il devient ainsi très-facile de tracer la trajectoire d'un projectile, lorsqu'on néglige l'effet de la résistance de l'air.

4. *Equation de la trajectoire.*

Il est nécessaire de représenter la trajectoire par une formule.

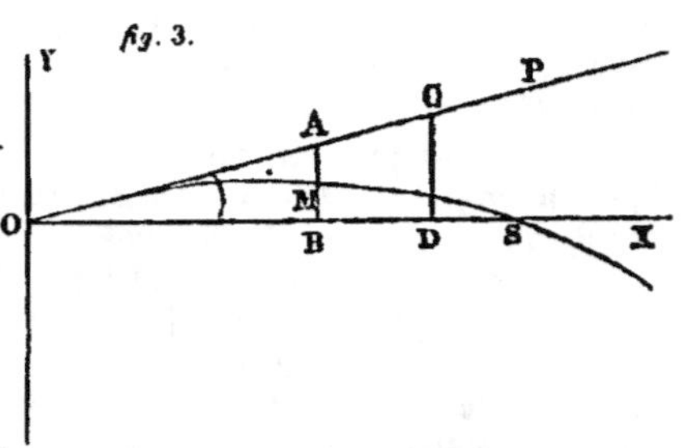

Soit O (*fig.* 3) le point de départ du projectile, OP la ligne de projection, V la vitesse initiale, et g la pesanteur. Par le point O, menons une ligne horizontale OX, qui sera l'axe des abscisses représentées par x, et une ligne verticale OY qui sera la ligne des ordonnées représentées par Y.

Après un certain temps t, le projectile, par l'effet de la vitesse initiale V seule, serait arrivé en A; mais, par l'effet de la pesanteur, il s'est abaissé d'une quantité égale à $\frac{1}{2} gt^2$ dans le sens vertical. Si donc, par le point A, on trace la verticale AB, et qu'on prenne $AM = \frac{1}{2} gt^2$, le point M sera un point de la trajectoire.

Soit φ l'angle POX que la ligne de projection fait avec l'horizontale, et qu'on appelle *angle de projection*, prenons OC égal à V, et menons la ligne CD perpendiculaire à OX; OD sera la projection sur l'horizontale OX de la vitesse OC, ou la composante horizontale de la vitesse. Elle a pour valeur V multiplié par le cosinus de l'angle POX ou V cos φ. La durée t du trajet du mobile du point O à la verticale AB sera égale à la durée du trajet suivant OX, en vertu de la vitesse V cos φ; c'est-à-dire qu'on aura $t = \frac{x}{V \cos \varphi}$. L'abaissement dû à la pesanteur dans ce temps, ou $\frac{1}{2} gt^2$, sera $\frac{1}{2} g \frac{x^2}{V^2 \cos^2 \varphi}$.

En exprimant par tang φ la tangente trigonométrique de l'angle φ, on aura AB = OB tang POX ou AB = x tang φ; en représentant par y l'ordonnée MB de la trajectoire au point M qui est égale à AB — AM, on aura pour l'équation de la trajectoire.

$$y = x \tang \varphi - \frac{g}{2} \frac{x^2}{V^2 \cos^2 \varphi} \qquad [1]$$

Pour avoir la distance du point où la courbe coupe l'axe des x, on fait $y = o$ dans l'équation de la trajectoire. Il vient alors $o = x \tang \varphi - \frac{gx^2}{2 V^2 \cos^2 \varphi}$, qui donne deux valeurs: l'une $x = o$ pour le point de départ O, et $x = \frac{2 V^2 \tang \varphi \cos^2 \varphi}{g} = \frac{V^2 \sin 2\varphi}{g}$ pour le point S. Cette valeur que nous représenterons par X est la portée horizontale; elle a un maximum quand $\sin 2\varphi = 1$, ou lorsque $2\varphi = 90^\circ$, et partant quand $\varphi = 45^\circ$.

5. Remarquant (art. 1) que l'on a $V^2 = 2gh$, et substituant cette valeur dans le second terme du deuxième membre de l'équation [1], g disparaîtra, et l'on aura

$$y = x \tang \varphi - \frac{x^2}{4 h \cos^2 \varphi} \qquad [2].$$

Cette équation de la trajectoire représente, comme la précédente, la relation entre les abscisses x, ou les chemins parcourus comptés sur l'horizontale, et les ordonnées y, ou les élévations de la trajectoire au-dessus du plan horizontal. C'est l'équation de la trajectoire dépendant de l'angle de projection φ, de la vitesse V ou de la hauteur h due à cette vitesse.

6. *Simplifications et applications.*

La valeur de tang φ est donnée par des tables numériques. Quand les calculs ne sont pas plus compliqués que dans les applications que nous aurons à faire à la balistique, on n'a pas besoin de recourir à l'emploi des logarithmes, et on emploie les tangentes naturelles avec plus d'avantage que les tangentes logarithmiques; nous donnons (table I) une table de ces tangentes naturelles, calculées avec un nombre de décimales qui suffira toujours pour les applications qu'on aura à en faire. En regard des tangentes, on a mis les sinus et les cosinus naturels, de sorte qu'on peut passer des tangentes aux sinus et aux cosinus, sans exprimer les angles en degrés et minutes.

Dans la plupart des applications, l'inclinaison est donnée directement par sa tangente; celle-ci n'étant autre chose que l'élévation de la ligne de projection pour une unité de longueur, l'on aura la valeur de tang φ sans avoir besoin d'exprimer φ en degrés et en minutes; on peut ne voir dans tang φ que l'expression d'une inclinaison, et l'exprimer comme on le fait ordinairement.

On remarquera aussi que, quand les angles sont petits, les cosinus diffèrent peu de l'unité et que l'on peut, dans les applications qui se rapportent au tir sous de petits angles, négliger cette différence; c'est-à-dire remplacer ces cosinus par l'unité. Quand on voudra en tenir compte dans les calculs numériques, et sans avoir recours aux tables des cosinus, on remplacera $\frac{1}{\cos^2 \varphi}$ par la valeur $1 + \text{tang}^2 \varphi$; on aura alors pour l'équation de la trajectoire $y = x \text{ tang } \varphi - \frac{x^2}{4h}(1 + \text{tang}^2 \varphi)$ . . [3]

Dans les applications numériques, on ne conservera dans tang φ que les décimales utiles. Quatre chiffres significatifs ou quatre décimales suffiront toujours. Trois suffiront encore dans un grand nombre de cas.

Quant aux valeurs de h ou $\frac{V^2}{2g}$, on a des tables calculées pour la suite des valeurs V, croissant par quantités rapprochées qui faciliteront encore les calculs (table II); par exemple, pour $V = 48^m$, on trouve $h = 117^m,44$.

Exemples :

1° Soit d'abord un projectile lancé sous l'angle de 45°, avec une vitesse initiale de 48 mètres par seconde; on aura $V = 48^{m:s}$; $h = 117^m,44$; $\varphi = 45°$; tang $\varphi = 1,0000$; $\cos \varphi = 0,7071$; $\cos^2 \varphi = 0,500$. L'équation de la trajectoire $y = x \text{ tang}\varphi - \frac{x^2}{4h \cos^2 \varphi}$ deviendra

$$y = x - \frac{x^2}{4 \times 117,44 \times 0,500} = x - \frac{x^2}{234,88}.$$

En faisant $y = o$ dans cette équation, on obtiendra $x = o$ et $x = 234^m,88$; soit 235^m en nombre rond, pour la portée horizontale. En prenant ensuite diverses valeurs de x, on déterminera les ordonnées d'autant de points qu'on voudra. Cette trajectoire se rapproche beaucoup de celle du globe du mortier-éprouvette pour le cas d'une portée de 235 mètres environ.

2° Soit $V = 62^{m:s},70$ et $\varphi = 45°$; on aura $h = 200^m,4$; tang $\varphi = 1,0000$ et $y = x - \frac{x^2}{4 \times 200,4 \times 0,500} = x - \frac{x^2}{400,8}$.

C'est le cas qui se rapproche du tir ordinaire des bombes à 400 mètres.

3° Soit $\varphi = 12°$; $V = 140$ mètres; on aura tang$\varphi = 0,21256$; cos$\varphi = 0,9781$; $h = 999^m$; l'équation de la trajectoire sera $y = 0,21256 x - \frac{x^2}{4.999.(0,9781)^2} = 0,21256 x - \frac{x^2}{3822}$.

C'est le cas du tir plongeant des gros projectiles de l'artillerie.

4° Soit enfin $V = 450^m$ et $\varphi = 0°14'$; on aura $h = 10322$, tang$\varphi = 0,00407$; cos φ ne différera pas sensiblement de l'unité, et l'équation de la trajectoire sera

$$y = 0,00407 x - \frac{x^2}{41288}, \text{ ou } y = 0,00407 x - 0,0000243 x^2.$$

Ce cas se rapprocherait de celui du tir du fusil d'infanterie, si l'on pouvait négliger l'influence de la résistance de l'air.

7. *Inclinaison de la trajectoire.*

La trajectoire est, au point de départ, tangente (art. 2) à la ligne de projection; à mesure qu'on s'éloigne de ce point, la trajectoire s'éloigne de la ligne de projection, et la tangente à cette courbe est de plus en plus inclinée, relativement à cette même ligne de projection.

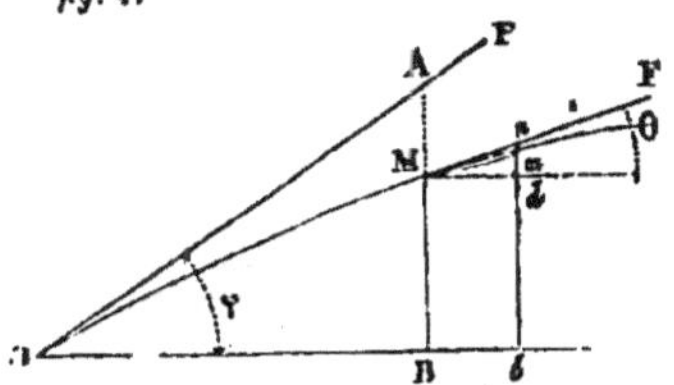

Soit OP, *fig.* 4, la ligne de projection, V la vitesse initiale, g la pesanteur, M un point de la trajectoire, x l'abscisse et y l'ordonnée. Considérons sur la trajectoire un point m très-voisin de M; soient x' et y' ses coordonnées, on aura (art. 4), les deux équations

$$y = x \operatorname{tang} \varphi - \frac{g}{2} \frac{x^2}{V^2 \cos^2 \varphi},$$

et

$$y' = x' \operatorname{tang} \varphi - \frac{g}{2} \frac{x'^2}{V^2 \cos^2 \varphi}$$

faisant la différence membre à membre, on aura

$$y' - y = (x' - x) \operatorname{tang} \varphi - \frac{g}{2} \frac{x'^2 - x^2}{V^2 \cos^2 \varphi}.$$

Divisant par $x' - x$, on aura

$$\frac{y' - y}{x' - x} = \operatorname{tang} \varphi - \frac{g}{2} \frac{x' + x}{V^2 \cos^2 \varphi}.$$

Observant que si, par les points M et m, on mène la corde Mm, et par le point M une horizontale jusqu'à la verticale mb en d, on aura M$d = x' - x$ et $md = y' - y$. On reconnaîtra que le premier membre de l'équation exprime la tangente trigonométrique de l'angle que fait avec l'horizontale la corde qui joint les deux points M et m. Or, si l'on suppose que le point m se rapproche de plus en plus du point M, la corde Mm se rapprochera de plus en plus de la tangente au point M et à la limite elle se confondra avec cette tangente MF. En appelant θ l'angle qu'elle fait avec l'horizontale, on aura $\frac{y' - y}{x' - x} = \operatorname{tang} \theta$; et remarquant qu'alors $x' + x$ devient égal à $2x$, on aura

$$\operatorname{tang} \theta = \operatorname{tang} \varphi - g \frac{x}{V^2 \cos^2 \varphi}. \qquad [4]$$

Si l'on remplace V^2 par sa valeur $2gh$, on aura aussi

$$\operatorname{tang} \theta = \operatorname{tang} \varphi - \frac{x}{2h \cos^2 \varphi}. \qquad [5]$$

L'expression tang θ peut être considérée comme une inclinaison de la ligne droite qui remplace un élément de la trajectoire de la même manière que pour tang φ. Ainsi, connaissant φ, on aura cos φ et tang φ, et on pourra calculer tang θ. Au moyen de la table des tangentes (table I), on pourra avoir θ en degrés et minutes.

Dans le tir, sous les très-petits angles $\cos\varphi$ et $\cos^2\varphi$ ne sont que très-peu inférieurs à l'unité, et la différence pourra être négligée. Dans cette formule, on pourra aussi se contenter d'exprimer les inclinaisons par leurs tangentes sans les traduire en angles, ce qui rend les calculs très-simples (art. 8).

Exemple : En prenant les données dans le 4me exemple de l'art. (4), $\varphi = 0°14'$; $V = 450^m$ et $x = 200^m$; on a $\tang\varphi = 0,00407$; $h = 10322^m$, et $\tang\theta = 0,00407 - \frac{200}{2.10322} = -0,00562$, ou $-\theta = 19',3$.

Le signe moins (—) indique que l'angle θ doit être compté au-dessous du plan horizontal, c'est-à-dire que la direction du mouvement est ici de haut en bas.

8. *Durée du trajet.*

Après un temps quelconque t, le projectile étant arrivé en un point M (*fig.* 4), et AB étant la verticale qui passe par ce point, on a $OA = Vt$. Or, on a x ou $OB = OA\cos\varphi$; on a donc $x = Vt\cos\varphi$; on tire de là la valeur de t, $t = \frac{x}{V\cos\varphi}$. [6]

$V\cos\varphi$ n'est autre que la composante horizontale de la vitesse. Dans le tir, sous les très-petits angles, $V\cos\varphi$ ne diffère pas sensiblement de l'unité et l'on a simplement $t = \frac{x}{V}$.

9. *Vitesse du projectile.*

Soit V la vitesse du projectile au point de départ O (*fig.* 5) suivant la ligne de projection OP et φ l'angle de projection, la composante horizontale sera égale à $V\cos\varphi$. La composante horizontale de la vitesse ne sera pas altérée par l'effet de la pesanteur dont la direction est verticale; et, en conséquence, elle restera égale à $V\cos\varphi$ durant tout le trajet. Mais la vitesse réelle du projectile comptée sur la trajectoire est variable, et elle dépend de l'inclinaison de la trajectoire en ce point.

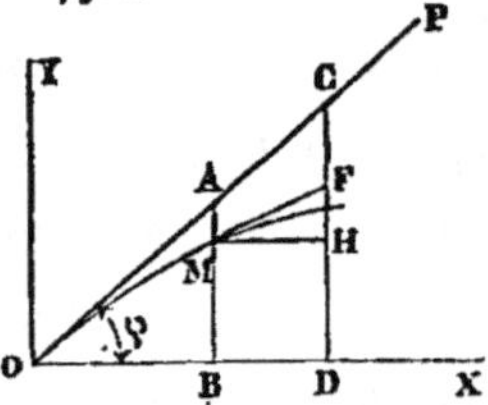

Par un point M de la trajectoire, menons l'ordonnée verticale AB; prenons AC égal à la vitesse V, et, par le point C, menons la verticale CD. On aura $BD = V\cos\varphi$.

Par le point M, menons la tangente MF à la trajectoire; MF représentera, en direction et en grandeur, la vitesse du mobile. Par le même point M, menons l'horizontale MH; l'angle FMH étant nommé θ, on aura MH ou BD égale à $MF\cos\theta$; et, comme $BD = V\cos\varphi$

on aura $$MF = \frac{BD}{\cos\theta} = V\frac{\cos\varphi}{\cos\theta}. \quad [7]$$

Dans le tir, sous les très-petits angles, $\cos\varphi$ et $\cos\theta$ diffèrent peu de l'unité, et l'on peut admettre, sans erreur sensible, $MF = V$, c'est-à-dire que, dans le vide, l'on peut regarder la vitesse du projectile comme restant égale à la vitesse de projection.

DEUXIÈME LEÇON.

Résistance de l'air.

10. *Nécessité de tenir compte de la résistance de l'air.*

Les lois du mouvement des corps, supposés dans le vide, s'écartent peu de celles du mouvement réel dans l'air, quand elles s'appliquent à des projectiles très-lourds et animés de faibles vitesses; et l'on peut en faire des applications utiles à la pratique du tir. Tel est le cas des bombes lancées à de petites distances. Mais ces lois sont d'autant plus différentes que les corps sont de plus petit diamètre et que les vitesses et les distances sont proportionnellement plus grandes. C'est le cas du tir des balles de fusil.

On sait, par expérience, que la plus grande portée de la balle sphérique du fusil d'infanterie, tirée avec la charge ordinaire de guerre, a lieu sous un angle de 25°, et que cette portée est d'environ 1000^m. Or, dans le vide, l'angle de plus grande portée serait de 45°; et, avec la vitesse qui résulte de la charge ordinaire de guerre des fusils, on obtiendrait une portée environ dix-huit fois plus grande que la portée observée dans l'air.

Sous l'angle de 4° à 5°, la portée réelle dans l'air est de 600^m; sans la résistance de l'air, cette portée serait six fois plus considérable.

Le tir des boulets présente des différences un peu moins considérables aux distances auxquelles on les emploie.

Dans le tir des bombes, les rapports entre les portées réelles, sous différents angles, s'écartent très-peu de ce qu'indique la théorie du mouvement dans le vide.

Dans ce qui suit, nous ne nous occuperons de la résistance de l'air qu'en ce qui concerne le mouvement des projectiles.

11. *Lois de la résistance de l'air.*

L'expérience fait voir : 1° que, lorsqu'un corps se meut dans l'air en repos, il éprouve une résistance proportionnelle à la projection de ce corps sur un plan perpendiculaire à la direction du mouvement; 2° que, quand les vitesses ne sont pas grandes, la résistance de l'air est proportionnelle au carré de la vitesse du corps; 3° que, quand les vitesses sont grandes, la résistance croît plus rapidement que le carré de la vitesse.

Pour les projectiles sphériques, la résistance est proportionnelle à la section d'un grand cercle, de sorte qu'en nommant R le rayon et π le rapport de la circonférence au diamètre, la résistance sera proportionnelle à πR^2; et, si l'on nomme V la vitesse du projectile, ρ la résistance, on aura $\rho = A \pi R^2 V^2 (1 + \frac{1}{r} V)$.

L'expérience a fait voir que, pour les projectiles sphériques, notamment pour les balles, la résistance de l'air, dans les limites de vitesse que l'on a à considérer, et dans l'état atmosphérique moyen, en prenant le mètre, le kilogramme et la seconde pour unités de longueur, de poids et de temps, on avait : $\frac{1}{r} = 0,0023$, ou $r = 434^m,77$, et $A = 0,028$; de sorte que, dans cette circonstance, la résistance ρ exprimée en kilogrammes est

$$\rho = 0,028\,\pi\,R^2\,V^2\,(1 + 0,0023\,V). \;.\;.\;.\;.\;.\;.\;. \quad [8]$$

12. *Résistance des balles oblongues.*

Les résultats que l'on a cités se rapportent à des corps sphériques; le coefficient de la résistance change avec la forme et les dimensions du projectile et, dans l'état actuel des connaissances, il est difficile de déterminer d'une manière bien précise, autrement que par l'expérience, le coefficient de la résistance des corps de diverses formes.

D'après les résultats d'expériences sur des corps de diverses formes et notamment de celles qui se rapprochent des balles oblongues, on a reconnu que la partie antérieure dont le profil est formé d'arcs de cercles qui se raccordent avec la partie cylindrique présente un peu moins de résistance que la forme hémisphérique. D'après cela, quoique la forme de la partie postérieure du cylindre soit terminée par un plan sans raccordement, ce qui augmente la résistance, et que les rainures que l'on pratique sur la circonférence augmentent encore cette résistance, on doit admettre que la résistance de ces balles dans l'air est plus petite que celle des balles sphériques; en outre, elles présentent un poids beaucoup plus grand pour une même section.

Dans la formule indiquée plus haut, la densité de l'air est supposée égale à celle qui se présente dans les circonstances les plus habituelles du tir des projectiles, et qui résulte d'une température de 15°, moyenne entre celle du printemps, de l'été et de l'automne en France, d'une pression barométrique de $0^m,750$ et d'une atmosphère à moitié saturée de vapeur d'eau; dans ces circonstances, le poids d'un mètre cube d'air est de $1^k,208$. Dans le cas d'une densité différente, et où le poids du mètre cube d'air serait δ, il faudrait remplacer la valeur 0,028 précédente par $0,028\,\frac{\delta}{1,208}$. Mais on a rarement à tenir compte de ces différences.

Soit à calculer, dans l'état ordinaire de l'atmosphère, la résistance qu'éprouve une balle de fusil d'infanterie de $0^m,0167$ de diamètre animée d'une vitesse de 450^m par seconde, on aurait : $\pi R^2 = 3,1416 \times \left(\frac{0,0167}{2}\right)^2 = 0^{m^2},000219$, et pour la résistance,

$$\rho = 0,028 \times 0,000219 \times (450)^2\,(1 + 0,0023.450),$$

ce qui donne $\rho = 2^k,527$. Cette résistance est égale à quatre-vingt-treize fois l'effet qu'exerce la pesanteur représentée par le poids $0^k,027$ de cette même balle.

Mouvement des projectiles dans l'air.

13. *Relation entre le mouvement des projectiles dans l'air et leur mouvement dans le vide.*

La résistance que l'air fait éprouver à un projectile, animé d'une grande vitesse de translation, et sans mouvement de rotation, agit dans la direction de cette vitesse et en sens inverse. Elle a pour effet de diminuer à chaque instant la vitesse du projectile et d'augmenter par suite de plus en plus le temps que le projectile met à parcourir des intervalles égaux. Par suite, les éléments de la trajectoire du projectile dans l'air présenteront, comparativement à la trajectoire dans le vide, des inclinaisons de plus en plus grandes.

La détermination des relations analytiques entre les vitesses, les durées, les abaissements et les inclinaisons dans le vide et dans l'air, exigerait des développements qui ne peuvent trouver place ici ; nous nous contenterons d'en exposer les résultats.

En représentant par v la vitesse d'un projectile à un instant quelconque de son mouvement, R étant son rayon, la résistance qu'il éprouve (art. 11) sera $\rho = A\pi R^2 V^2 \left(1+\frac{v}{r}\right)$;

de plus, P étant le poids du projectile, et g la pesanteur, si on représente $\frac{P}{2gA\pi R^2}$ par c, ou $\frac{2gA\pi R^2}{P}$ par $\frac{1}{c}$, et qu'on adopte pour A et g les valeurs $A = 0{,}028$, $g = 9^{m},809$, on aura

$$c = 2{,}3179\,\frac{P}{(2R)^2}, \text{ ou } \frac{1}{c} = 0{,}4314\,\frac{(2R)^2}{P};$$

Mettant la valeur de c sous la forme $\frac{1}{2c} = \frac{A\pi R^2}{\frac{P}{g}}$, et remarquant que $\frac{P}{g}$ est la masse du projectile, on verra que $\frac{1}{2c}$ représente le premier terme de la résistance de l'air pour l'unité de masse et pour l'unité de vitesse. Cette considération permet de se rappeler cette expression.

Si D est la densité d'un projectile sphérique (c'est-à-dire le poids d'un mètre cube de la matière dont le projectile est formé), on aura $P = \frac{4}{3}\pi R^3 D$ et $c = \frac{2RD}{3gA}$, ou $\frac{1}{c} = \frac{3gA}{2RD}$. Avec les mêmes données que ci-dessus, on a $c = 1{,}2134 \,.\, 2RD$, et $\frac{1}{c} = \frac{0{,}8239}{2RD}$.

On voit par là que la valeur de c est proportionnelle au diamètre et à la densité du projectile, et en raison inverse de la densité de l'air à laquelle A est proportionnel. Au contraire $\frac{1}{c}$ est proportionnel à la densité du projectile.

Exemple : Pour la balle du fusil d'infanterie, on a $2R = 0^{m},0167$, $P = 0^{k},027$, $D = 11072$. On aura $c = 224^{m},40$ et $\frac{1}{c} = 0^{m},0044564$.

La densité 11072 est plus faible que la densité ordinaire du plomb fondu, qui est 11346, à cause du vide qui se trouve dans les balles par suite du refroidissement dans les moules.

14. *Formules du mouvement des projectiles dans l'air.*

Soit V la vitesse initiale du projectile, φ l'angle de projection et x la distance horizontale d'un point de la trajectoire dans l'air, la composante horizontale de la vitesse sera $V \cos\varphi$; on la représentera par V_1 ; on représentera aussi $\frac{V \cos\varphi}{r}$ ou $\frac{V_1}{r}$ par V_0. On calculera pour le projectile $\frac{1}{c}$ et $\frac{x}{c}$.

Le calcul des effets de la résistance de l'air a fait voir qu'en désignant par B un certain coefficient qui dépend des valeurs de $\frac{x}{c}$ et de $\frac{V_1}{r}$, l'ordonnée y de la trajectoire dans l'air est

$$y = x \operatorname{tang}\varphi - \frac{g}{2} \frac{x^2}{V^2 \cos^2\varphi} B, \text{ ou } y = x \operatorname{tang}\varphi - \frac{x^2}{4h \cos^2\varphi} \qquad [9]$$

La valeur de l'ordonnée y ne diffère de ce qu'elle serait sans la résistance de l'air (art. 4 [1]) qu'en ce que le dernier terme du second membre, qui exprime l'abaissement par l'effet de la pesanteur, est augmenté dans le rapport de 1 à B.

On a trouvé de même que l'inclinaison de la trajectoire dans l'air, à une distance x du point de départ, est, en désignant par I un nouveau coefficient,

$$\operatorname{tang} \theta = \operatorname{tang}\varphi - g \frac{x}{V^2 \cos^2\varphi}, \qquad [10]$$

et qu'elle ne diffère ainsi de l'inclinaison de la trajectoire dans le vide (art. 7 [4]) qu'en ce que le dernier terme, qui exprime l'inclinaison par rapport à la ligne de projection, est augmenté dans le rapport de 1 à I.

En désignant par D un autre coefficient, l'expression de la durée du trajet du projectile dans l'air est $t = \frac{x}{V \cos\varphi} D.$ [11]

La durée du trajet dans l'air ne diffère ainsi de la durée dans le vide (art. 8 [6]) qu'en ce qu'elle est augmentée dans le rapport de 1 à D.

En désignant par U un autre coefficient, l'expression de la vitesse d'un projectile à une distance déterminée est $v = \frac{V}{U} \frac{\cos\varphi}{\cos\theta}$. [12]

La vitesse du projectile dans l'air est diminuée, comparativement à la durée dans le vide, dans le rapport de U à 1.

La détermination des lois du mouvement dans l'air dépend donc des lois du mouvement dans le vide et des quatre coefficients B et I, D et U. Les deux premiers B et I sont donnés par une même table numérique (table III) ; les deux autres coefficients D et U sont donnés par une seconde table (table IV).

Souvent, pour exprimer à quelles valeurs de x et de V se rapportent les coefficients, on y ajoute, entre parenthèses, x et v ou $\frac{x}{c}$ et $\frac{v}{r}$, et l'on remplace ces quantités par leurs valeurs numériques : ainsi on écrira B (x, V) ou B $\left(\frac{x}{c}, \frac{V_1}{r}\right)$. Dans le cas où il s'agirait, par exemple, d'une balle de fusil pour laquelle $c = 224,4$, tirée à une distance de 150m, avec une vitesse initiale de $450^{m.s}$, on aurait B(150^m; 450), ou B(0,668; 1,035); il en sera de même pour les coefficients I, D et U.

15. *Table des coefficients* B *et* I, D *et* U.

Les valeurs des quantités B et I, D et U, diffèrent peu de l'unité quand $\frac{x}{c}$ est petit, c'est-à-dire quand la distance x est petite, ou quand le projectile est d'un grand diamètre et d'une grande densité, ce qui rend c très-grand. Si on suppose c extrêmement grand, ce qui pourrait provenir de l'accroissement considérable du diamètre ou de la densité du projectile, ou de la diminution considérable de la densité du fluide, $\frac{x}{c}$ deviendrait assez petit pour être négligeable devant l'unité. Alors les quantités B et I, D et U, se réduiraient à l'unité, et les équations du mouvement à ce qu'elles sont dans le vide. Dans la réalité, la densité des projectiles et le poids qu'on peut leur donner sont trop limités pour qu'on puisse en général, sauf quelques exceptions, admettre cette supposition.

Pour rendre les formules facilement applicables, on a calculé des tables numériques de ces divers coefficients; on pourra s'en servir comme on se sert des tables de logarithmes, en observant cependant que la quantité à chercher dépend de deux variables.

Les tables ayant été établies pour le rapport $\frac{x}{c}$, et non pas pour les valeurs données de x, elles servent tout aussi bien pour un projectile que pour un autre, et pour une densité quelconque de l'air. Cependant, pour les faire servir plus facilement à un projectile, on peut, en regard des valeurs de $\frac{x}{c}$ de la table, écrire celles de x qui y correspondent. On a inscrit ces distances pour la balle sphérique de plomb de $0^m,0167$ de diamètre qui pèse $0^k,027$. Ces mêmes tables sont indépendantes du rapport des deux coefficients qui entrent dans l'expression de la résistance. Cependant, en écrivant en regard des rapports de $\frac{V}{r}$ les vitesses qui y correspondent pour $\frac{1}{r} = 0,0023$, que l'on a déterminé par l'expérience, on n'aura pas besoin de former ces rapports pour les applications, et on pourra se servir directement des vitesses elles-mêmes.

Dans ces deux cas, les nombres d'entrée de la table ne seront plus des nombres ronds. Mais on pourra rendre les applications encore plus faciles, quand on considérera habituellement un certain projectile, en établissant une table pour des valeurs de x et de V qui croîtraient régulièrement. (*Voir* les tables III et IV, et leur usage.)

16. *Applications des lois du mouvement des projectiles à divers problèmes.*

Au moyen de l'équation de la trajectoire (art. 14 [9]) on peut facilement résoudre les divers problèmes qui se présentent dans le tir des armes à feu. Nous allons nous en occuper plus particulièrement.

Soit, comme précédemment, 2R le diamètre du projectile, P son poids, V sa vitesse initiale et φ l'angle de projection, soit encore x l'abscisse, y l'ordonnée d'un point quelconque de la trajectoire, et v la vitesse du projectile en ce point. La résistance de l'air, de densité moyenne, au point m, sera $\rho = 0{,}028\pi R^2 v^2 (1 + 0{,}0023\,v)$, en prenant le mètre, le kilogramme et la seconde pour unités. En faisant $\frac{1}{c} = 0{,}4314\,\frac{(2R^2)}{P}$, et $\frac{1}{r} = 0{,}0023$, on calculera les valeurs de B dont on aura besoin, au moyen de la table III. Nous rappellerons que quand il s'agira de la balle du fusil d'infanterie, on pourra se dispenser de calculer $\frac{x}{c}$ et $\frac{V}{r}$, et que l'on déterminera directement les valeurs de B au moyen de x et de V.

17. *Portée sur un plan horizontal.*

Considérons d'abord le cas où le but est à la hauteur de la bouche du canon.

L'équation de la trajectoire étant en général (art 11 [9]) $y = x \operatorname{tang} \varphi - \frac{x^2}{4h\cos^2\varphi}\,B$, au point où la trajectoire coupe la ligne horizontale qui passe par la bouche du canon, on a $y = o$. Nommons X la distance de ce point au point de départ. L'équation de la trajectoire devra être satisfaite pour $y = o$ et $x = X$, c'est-à-dire qu'on aura :

$$0 = X \operatorname{tang} \varphi - \frac{X^2}{4h\cos^2\varphi}\,B.$$

Cette équation est satisfaite pour $X = 0$; ce qui signifie seulement que la trajectoire passe par le point de départ à l'origine des coordonnées, ce qu'on savait déjà. Pour faire abstraction de ce cas, divisons par X les termes des deux nombres de l'équation, il restera :

$$0 = \operatorname{tang} \varphi - \frac{X}{4h\cos^2\varphi}\,B;$$

d'où, en multipliant par $4h\cos^2\varphi$, et observant que $\operatorname{tang} \varphi = \frac{\sin\varphi}{\cos\varphi}$ et que $2\sin\varphi\cos\varphi = \sin 2\varphi$, on aura $4h \operatorname{tang}\varphi \cos^2\varphi = 4h\sin\varphi\cos\varphi = 2h\sin 2\varphi$; et, par conséquent, l'équation ci-dessus deviendra $2h\sin 2\varphi = X.B$.

Dans le vide, on aurait $B = 1$, et, par conséquent, en nommant X_1 la portée, on aurait $X_1 = 2h\sin 2\varphi$.

De ces deux équations l'on tire $X.B = X_1$, d'où $X_1 : X :: B : 1$.

TROISIÈME LEÇON.

18. *Tir sous de petits angles de projection.*

Dans le tir des armes à feu portatives et dans le tir habituel des canons, c'est-à-dire sous de petites inclinaisons au-dessus ou au-dessous de l'horizon, l'angle de projection, rapporté à la ligne qui va de la bouche du canon au but, est sensiblement indépendant de l'élévation de ce point.

En effet, soit O le point de départ, M le but, a sa distance horizontale OD et b son élévation MD au-dessus du point de départ. Le point M devant être sur la trajectoire, ses coordonnées a et b devront satisfaire à l'équation de cette courbe qui est (art. 14 [9])

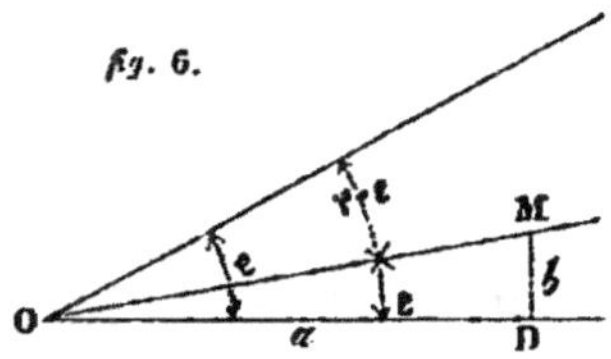

$$y = x \operatorname{tang} \varphi - \frac{g}{2} \frac{x^2}{V^2 \cos^2 \varphi} B.$$

fig. 6.

On aura donc $$b = a \operatorname{tang} \varphi - \frac{g}{2} \frac{a^2}{V^2 \cos^2 \varphi} B.$$

Divisant les deux membres de l'équation par a, on aura :

$$\frac{b}{a} = \operatorname{tang} \varphi - \frac{g}{2} \frac{a}{V^2 \cos^2 \varphi} B.$$

La quantité $\frac{b}{a}$ est le rapport de la hauteur du but à sa distance ; et, si l'on appelle ε l'angle MOD que fait avec l'horizontale OD la ligne OM qui va au but, c'est-à-dire l'angle d'élévation du but, on aura évidemment $\frac{MD}{OD}$ ou $\frac{b}{a}$ égal à tang ε, et l'équation ci-dessus deviendra :

$$\operatorname{tang} \varepsilon = \operatorname{tang} \varphi - \frac{g}{2} \frac{a}{V^2 \cos^2 \varphi} B, \qquad [13]$$

et, par de simples transformations,

$$\operatorname{tang} \varphi - \operatorname{tang} \varepsilon = \frac{g}{2} \frac{a}{V^2 \cos^2 \varphi} B.$$

Si l'on observe que, d'après les propriétés des lignes trigonométriques, on a $\cos^2 \varphi = \frac{1}{1 + \operatorname{tang}^2 \varphi}$, et qu'on fasse passer cette valeur de cos φ dans le premier membre, on aura :

$$\frac{\operatorname{tang} \varphi - \operatorname{tang} \varepsilon}{1 + \operatorname{tang}^2 \varphi} = \frac{g}{2} \frac{a}{V^2} B.$$

D'autre part, d'après les propriétés des lignes trigonométriques, on a :

$$\frac{\operatorname{tang} \varphi - \operatorname{tang} \varepsilon}{1 + \operatorname{tang} \varphi \operatorname{tang} \varepsilon} = \operatorname{tang} (\varphi - \varepsilon).$$

Les premiers membres de ces deux équations ne diffèrent entre eux que par la légère différence du dénominateur ; si on la néglige on aura sensiblement :

$$\operatorname{tang} (\varphi - \varepsilon) = \frac{g}{2} \frac{a}{V^2} B.$$

Le second membre ne varie pas avec l'angle de projection, ou du moins ne varie que d'une manière inappréciable, puisque c'est seulement comme multiplicateur de la vitesse V dans le coefficient B. Le premier membre ne contient que l'angle $\varphi - \varepsilon$, c'est-à-dire l'inclinaison de la ligne de projection relativement à la ligne qui va au but : elle est donc sensiblement indépendante de l'élévation de ce but. C'est ce qu'il fallait démontrer.

D'après cela, l'on peut régler l'inclinaison du tir d'une arme à feu ou d'une bouche à feu, indépendamment de l'élévation du point à battre, lorsque cette élévation n'est pas grande.

En remplaçant, comme on vient de l'indiquer, $\frac{\operatorname{tang}\varphi - \operatorname{tang}\varepsilon}{1+\operatorname{tang}^2\varphi}$ par $\operatorname{tang}(\varphi-\varepsilon)$, c'est comme si à $\operatorname{tang}\varepsilon$, dans le dénominateur, on substituait $\operatorname{tang}\varphi$. Cette différence est très-faible devant l'unité, comme on va le montrer par un exemple.

Supposons que, sur un terrain incliné de 5°, ce qui donne $\varepsilon = 5°$, on tire le fusil d'infanterie à la distance de 200^m; on sait, par expérience, que l'inclinaison relative $\operatorname{tang}(\varphi-\varepsilon)$ est de 0,00856, c'est-à-dire que $\varphi - 5° = 29',4$, d'où $\varphi = 5°29',4$; d'après cela, on aura :

$$\frac{\operatorname{tang}\varphi - \operatorname{tang}\varepsilon}{1+\operatorname{tang}^2\varphi} = \frac{\operatorname{tang}(5°\,29',4) - \operatorname{tang}(5°)}{1+\operatorname{tang}^2(5°\,29',4)} = \frac{0,09609 - 0,08749}{1+(0,09609)^2} = \frac{0,0086}{1,00929} = 0,00852.$$

Ce dernier nombre ne diffère du premier que de 0,00004, ce qui, à la distance de 200^m, correspond, sur la hauteur du but, à $0,00004 \times 200^m = 0^m,008$, c'est-à-dire que sur un terrain incliné de 5°, en tirant sans faire attention à cette inclinaison, on devrait, à une distance de 200^m, pointer à 0^m,008 plus haut que sur un terrain horizontal. Cette différence, égale à un demi-diamètre de la balle, est tout à fait inappréciable et peut évidemment être négligée. Pour un canon, aux distances ordinaires du tir, l'erreur est aussi égale à un demi-diamètre du projectile. On peut donc appliquer au tir des armes à feu et des canons, dans l'étendue du tir, cette propriété des inclinaisons relatives au but. Dans l'usage, elle simplifie beaucoup les règles pratiques du tir.

19. *Simplifications dans le tir, sous de petits angles, au-dessus de l'horizon.*

Quand il s'agit du tir des armes à feu ou des bouches à feu, sous les inclinaisons habituelles, φ est toujours très-petit, et la différence entre $\cos\varphi$ et l'unité est toujours assez petite pour qu'on puisse la négliger et supposer $\cos\varphi$ égal à l'unité; cela revient à remplacer la composante horizontale $V\cos\varphi$ de la vitesse, ou V_1, par la vitesse V elle-même, tant au dénominateur que dans la valeur de B.

Cela posé, l'équation ci-dessus de la trajectoire se simplifie et se réduit à

$$\operatorname{tang}\varphi - \operatorname{tang}\varepsilon = \frac{g}{2}\,\frac{a}{V^2}\,B. \qquad [14]$$

20. *Solution de divers problèmes relatifs au tir sur un but élevé au-dessus de l'horizon.*

Les problèmes qu'on peut avoir à résoudre, relativement au tir, sur un but élevé au-dessus de l'horizon, sont compris dans la désignation générale suivante : de ces trois choses, la position du but, la vitesse initiale V, l'angle φ de projection, deux étant connues, déterminer la troisième.

21. *Déterminer l'angle de projection.*

1° On connaît la position du but par ses coordonnées a et b, et, par suite, $\operatorname{tang}\varepsilon = \frac{b}{a}$, et la vitesse V du projectile : déterminer l'angle de projection.

De l'équation ci-dessus (art. 19 [14]), on tire :

$$\text{tang}\,\varphi = \text{tang}\,\varepsilon + \frac{g}{2}\frac{a}{V^2}\,B.$$

On calculera $\text{tang}\,\varepsilon = \frac{b}{a}$; on prendra, au moyen des tables, la valeur de $B\,(a,\,V)$, on a $\frac{g}{2} = 4^m,9045$, et on tirera directement la valeur de $\text{tang}\,\varphi$. Au moyen des tables de tangentes, on déduirait au besoin la valeur de l'angle φ en degrés et minutes; mais généralement on pourra se contenter de l'inclinaison représentée par $\text{tang}\,\varphi$.

Exemple. Avec la balle du fusil d'infanterie, pour laquelle $c = 224^m,4$, soit $a = 150^m$, $b = 6^m$; on aura $\text{tang}\,\varepsilon = \frac{b}{a} = \frac{6^m}{150^m} = 0,0400$; la vitesse initiale étant $V = 450^{m:s}$, on aura (table III) $B\,(150^m,\,450) = 1,589$, et, par suite :

$$\text{tang}\,\varphi = 0,0400 + \frac{4,9045\,.\,150^m}{(450)^2}\,1,589 = 0,0400 + 0,00577 = 0,04577\ :$$

d'où $\varphi = 2°37',2$; d'autre part, puisque $\text{tang}\,\varepsilon = 0,04000$, on aura $\varepsilon = 2°\,17',1$: d'où $\varphi - \varepsilon = 20',1$; c'est l'angle de tir pris relativement à la ligne qui va au but.

On aurait eu plus directement $\text{tang}\,\varphi - \text{tang}\,\varepsilon = 0,00577$.

Comme les angles sont petits, on pourra, sans grande erreur, remplacer $\text{tang}\,\varphi - \text{tang}\,\varepsilon$ par $\text{tang}\,(\varphi - \varepsilon)$: d'où $\varphi - \varepsilon = 19',8$. Cette valeur diffère très-peu de la première.

22. *Déterminer la vitesse initiale.*

2° On connaît la position du but par ses coordonnées a et b et l'angle de projection φ; déterminer la vitesse initiale V.

On calculera $\text{tang}\,\varepsilon = \frac{b}{a}$. Si l'angle φ est donné en degrés, on en déduira $\text{tang}\,\varphi$ au moyen des tables de tangentes trigonométriques naturelles (table I).

L'inconnu V entre dans $B\,(x,\,V)$; il en résulte que l'expression de sa valeur est compliquée. Pour arriver facilement à la solution, il faut opérer sur le quotient de V^2 par le facteur B.

De l'équation (art. 19 [14]) $\text{tang}\,\varphi - \text{tang}\,\varepsilon = \frac{g}{2}\,\frac{a}{V^2\cos^2\varphi}\,B$ on tire $\frac{V^2}{B} = \dfrac{\frac{g}{2}\,a}{\text{tang}\,\varphi - \text{tang}\,\varepsilon}$; et, en extrayant la racine carrée des deux membres de cette équation et les divisant par r, on aura :

$$\frac{\frac{V}{r}}{\sqrt{B}} = \frac{1}{r}\sqrt{\frac{\frac{g}{2}\,a}{\text{tang}\,\varphi - \text{tang}\,\varepsilon}} = q.$$

On a construit une table des valeurs de $\dfrac{\frac{V}{r}}{\sqrt{B}}$ pour la série des valeurs $\frac{V}{r}$, et de celle de $\frac{a}{c}$ de la table III (voir table VI).

Il n'y a donc qu'à calculer la valeur de $\frac{1}{r}\sqrt{\frac{\frac{g}{2}a}{\tang\varphi - \tang\varepsilon}}$, à chercher dans la table, pour la valeur de x, à quelle valeur de V elle correspondra, et à opérer par les parties proportionnelles comme pour toutes les tables numériques. Ayant ainsi la valeur de $\frac{V}{r}$, on la multipliera par r pour avoir V.

Exemple. Avec une balle de fusil lancée sous l'inclinaison 0,00331, à la distance de 200^m, on atteint un point situé à 1^m,15 au-dessous de la ligne qui va au but : quelle est la vitesse initiale? On aura : $a = 200^m$, $\tang\varphi = 0,00331$; $\tang\varepsilon = -\frac{1^m,15}{200} = -0,00575$, et $\tang\varphi - \tang\varepsilon = 0,00331 + 0,00575 = 0,00906$; $\frac{1}{r} = 0,0023$; $c = 224^m,40$ et $q = \frac{1}{r}\sqrt{\frac{4,9045}{0,00906} \cdot 200} = 0,7568$.

D'après la table VI, pour $a = 200^m$, on a $V = 457^m,8$ pour la vitesse cherchée. Dans ce cas, l'angle φ est assez petit pour qu'on puisse prendre la composante horizontale de la vitesse pour la vitesse elle-même.

Dans le cas où la table VI ne serait pas assez prolongée, on aurait au plus trois nouveaux termes de cette table à calculer.

23. *Portée.*

3° On connaît l'angle de projection φ et la vitesse de projection V : on demande la portée sur une ligne donnée passant par le point de départ.

De l'équation (art. 19 [15]) $\tang\varphi - \tang\varepsilon = \frac{g}{2}\frac{a}{V^2}B$, l'on tire :

$$aB = (\tang\varphi - \tang\varepsilon)\frac{V^2}{\frac{1}{2}g}.$$

Divisant les deux membres par c, on aura :

$$\frac{a}{c}B = \frac{1}{c}(\tang\varphi - \tang\varepsilon)\frac{V^2}{\frac{1}{2}gc};$$

et, en représentant par p le deuxième membre de cette équation, on aura $\frac{a}{c}B = p$.

Pour rendre la solution plus facile, on a calculé une table des valeurs de $\frac{a}{c}B$ pour la série des valeurs de $\frac{a}{c}$ et de $\frac{V}{r}$ des autres tables; de sorte qu'il suffira de chercher dans la table V, pour la valeur de V que l'on connaît, la valeur de $\frac{a}{c}$, à laquelle correspond la valeur proposée de p. Si p se trouve compris entre deux valeurs des tables, on trouvera la valeur exacte de $\frac{a}{c}$ par les parties proportionnelles. Dans le cas où la table V ne serait pas assez prolongée, on aurait au plus trois termes à calculer.

Exemple. Soit une balle de fusil pour laquelle $c = 224,4$ animée d'une vitesse initiale de $450^{m:s}$, sous une inclinaison de 0,00331 au-dessus de la ligne qui va au but (qui correspond à $0°11',4$), on aura : $p = 0,00331 \frac{(450)^2}{4,9045} \cdot \frac{1}{224,4} = \frac{0.00331 \times 41289}{224,4} = 0,6090$; d'après la table V, en prenant $r = 434^m,77$, on trouve $\frac{x}{c} = 0,4475$ et $x = 0,4475 \times 224,4 = 100^m,4$.

Dans le cas où le tir aura lieu sur un terrain horizontal, il suffira de faire $\tang \varepsilon = 0$.

Déviations des projectiles.

24. *Déviations.*

Si un projectile sortait toujours de l'arme dans la direction de l'axe, et s'il n'était soumis qu'aux actions de la pesanteur et de la résistance de l'air dans la direction de son mouvement de translation, il suivrait exactement la trajectoire qui a été déterminée plus haut, et la question du tir des armes à feu et des bouches à feu serait bien simple. On obtiendrait facilement, dans chaque cas particulier, l'angle et la vitesse de projection qui permettraient d'atteindre sûrement le but proposé.

Mais, comme on le verra, le projectile est soumis à l'action d'autres forces qui rendent son mouvement irrégulier et donnent au tir une incertitude qui croît rapidement avec les distances.

On regarde comme *normale* la trajectoire qui résulte des premières forces, et comme *déviations* les quantités dont le projectile s'en écarte dans son trajet, en vertu des autres forces. Ces écarts, souvent très-considérables, ont lieu, quoiqu'à chaque coup l'arme reçoive une charge de poudre de même poids, une balle de même diamètre et de même poids, et qu'elle soit dirigée de la même manière.

On peut atténuer et réduire de beaucoup ces déviations, tant par la forme du projectile que par celle de l'arme. Les considérations qui s'y rapportent sont donc très importantes.

CAUSES DES DÉVIATIONS.

25. *Mouvement de l'arme.*

Il y a plusieurs causes de déviations; les unes agissent jusqu'au moment où le projectile sort du canon, et les autres durant tout le trajet du projectile dans l'air. Les premières ont pour effet de modifier la vitesse et la direction initiales du projectile; les autres causes agissent d'une manière continue. Celles-ci doivent être considérées comme des forces accélératrices et être assimilées à la pesanteur, avec cette différence qu'elles agissent en des sens divers et avec des intensités variables d'un projectile à l'autre, et qu'elles varient aussi durant le trajet d'un même projectile.

Les déviations initiales avec les fusils et les autres armes portatives que l'on dirige et que l'on tire à la main peuvent tenir à ce qu'au moment où le tireur appuie le doigt sur la détente, pour faire feu, l'effort qu'il produit fait légèrement abaisser l'arme, et à ce qu'au moment du tir, l'action des gaz sur le fond du canon tend à faire tourner l'arme autour de son point d'appui sur l'épaule de l'homme et à la faire relever.

Cet effet, qui n'existe pas pour les bouches à feu posées sur affût, est d'autant plus sensible que les armes sont moins longues. D'après cela, on doit admettre que la direction moyenne de la ligne de projection ne sera pas nécessairement le prolongement de l'axe du canon. On a en effet reconnu que, dans le fusil, la ligne de projection était moyennement un peu au-dessous de la position de l'axe du canon au moment où le tireur vise, tandis qu'avec le mousqueton de cavalerie elle est notablement au-dessus; le relèvement du pistolet de cavalerie est encore plus considérable (*).

Des effets analogues se produisent dans le sens horizontal par le mouvement du corps du tireur, par suite de la pression que l'arme exerce sur son épaule droite; mais ils sont moins prononcés.

Ces effets sont d'autant plus grands, que le poids de la balle, relativement à celui de l'arme, est plus considérable.

26. *Vibrations des canons de fusils.*

On a reconnu que les canons de fusil éprouvent des vibrations, tant dans le sens vertical que dans le sens horizontal, et que l'extrémité du canon décrit une spirale elliptique dont le grand axe est vertical. Ainsi, avec un canon de fusil d'infanterie, de 1^{m},08 de longueur, la balle et la charge de poudre en usage, et avec la résistance qu'oppose l'épaule d'un tireur, l'étendue des vibrations est de 0^{m},005 dans le sens vertical, et de 0^{m},0025 dans le sens horizontal. Lorsque le canon du fusil est entièrement libre, les vibrations dans l'un et dans l'autre sens sont réduites à 0^{m},0005.

Dans un fusil monté, tiré à l'épaule, les vibrations verticales et horizontales sont respectivement de 0^{m},0019 et de 0^{m},0011. Les différences dans la direction de la balle au départ, qui résultent de cette vibration, peuvent produire, à 200 mètres, des déviations respectives de 0^{m},70 et 0^{m},40.

Les vibrations, et par suite les déviations, augmentent en même temps que la résistance au recul et que le poids de la poudre. On voit par là quelles précautions on doit prendre pour assurer la justesse du tir et quelle influence peuvent avoir la forme et le poids du canon des armes à feu.

27. *Déviations dans les armes rayées en hélice.*

Dans les armes à feu rayées en hélice, la balle de plomb forcée dans les rayures ne peut pas ballotter : néanmoins, elle ne s'échappe pas nécessairement dans la direction même de l'axe. En effet, si le centre de gravité de la balle n'est pas exactement sur l'axe du canon, il décrit une hélice dont le pas est celui des rayures, et il suit la tangente à l'hélice au point extrême, lorsque la balle s'échappe du canon.

(*) Expériences faites à Vincennes pour la détermination des règles de tir des armes à feu de l'infanterie et de la cavalerie (*Mémorial d'artillerie*, n° 7).

La déviation est d'autant plus grande que les filets de l'hélice sont plus inclinés. Par exemple, si une balle sphérique, dans laquelle le centre de gravité se trouve à un dixième de millimètre de l'axe du canon, est forcée dans une carabine de chasseurs, encore en usage en France, et dont le pas très-grand est égal à $6^{m},226$, il y aura une déviation produite par cette excentricité qui sera de $0^{m},05$ seulement à 600^{m}. Avec le mousqueton d'artillerie dont le pas des rayures est de 2^{m}, la déviation due à la même excentricité serait de $0^{m},07$ à 200^{m}. Avec le pistolet d'officier de cavalerie dont le pas est de $0^{m},54$, la déviation serait de $0^{m},06$ à la distance de 50 mètres.

Une excentricité égale à $0^{m},0001$ se présente dans les balles sphériques ordinaires. Il suffit pour cela qu'il s'y rencontre un vide dont le volume soit $\frac{1}{61}$ de celui de la balle, et dont le centre soit éloigné du centre de figure de la balle d'une quantité égale aux deux tiers du rayon. On estime d'ailleurs, d'après la position et le volume qu'affecte ordinairement ce vide, que l'excentricité des balles est moyennement de $\frac{1}{14}$ de millimètre.

On voit par là quelles sont les précautions à prendre pour éviter les causes d'excentricité dans la fabrication des balles, et pour que, dans le chargement, le vide qui produit cette excentricité soit placé dans l'axe du canon.

28. *Influence des différences dans les dimensions des balles, dans leur poids et dans la nature de la poudre, sur la vitesse initiale des balles.*

Des différences dans le poids et dans le diamètre du projectile ont pour effet de faire varier la vitesse de ce projectile, et par conséquent la trajectoire. Il en est de même des petites différences dans la nature de la poudre à chaque coup, et qu'on ne peut éviter entièrement, quelques précautions qu'on prenne.

D'après des expériences au pendule balistique avec la balle actuelle de $0^{m},0167$ de diamètre avec la charge de 9 grammes dans le fusil d'infanterie, la vitesse moyenne est d'environ 450^{m} par seconde. La vitesse de la moitié des coups s'en écarte de moins de 10 mètres, l'autre moitié s'en écarte davantage; la moyenne des écarts à chaque coup est de $12^{m},50$. Il y a un dixième des coups où la vitesse s'écarte de 30 mètres au moins.

Au moyen des formules qui ont été données (art. 22), on peut reconnaître l'influence qu'a chacune de ces variations sur l'élévation du point atteint.

29. *Déviation due au vent.*

Parmi les causes qui font dévier le projectile durant son trajet dans l'air, celle du mouvement de l'atmosphère ou du vent est la plus facile à apprécier; l'on peut facilement en calculer les effets, particulièrement dans le tir, sous de très-petits angles au-dessus de l'horizon.

Pour ce cas, on trouve que si V est la vitesse initiale du projectile, W la vitesse du vent, la déviation z, mesurée dans la direction et le sens du vent, est, à la distance x,

$$z = x\frac{W}{V}[D(x, V)-1].$$

La déviation sur une cible placée dans la direction perpendiculaire à la ligne de tir est égale à la projection de z sur le plan de cette cible, c'est-à-dire égale à z multiplié par le sinus de l'angle que fait la direction du vent avec celle du tir; elle est au maximum lorsque la direction du vent est perpendiculaire à la ligne de tir. Elle est nulle lorsque cette direction est celle du plan de tir (*). La déviation verticale est très-faible.

(*) Soit, sur un plan horizontal, OA la projection de la direction au départ d'une balle lancée dans l'air; φ étant l'angle que fait avec ce plan horizontal la ligne de projection, et V la vitesse initiale, $V_1 = V \cos\varphi$ en sera la composante horizontale, et ne différera pas sensiblement de V quand φ sera très-petit. Soit W la vitesse du vent, CD sa direction supposée horizontale, et faisant avec OA un angle ω.

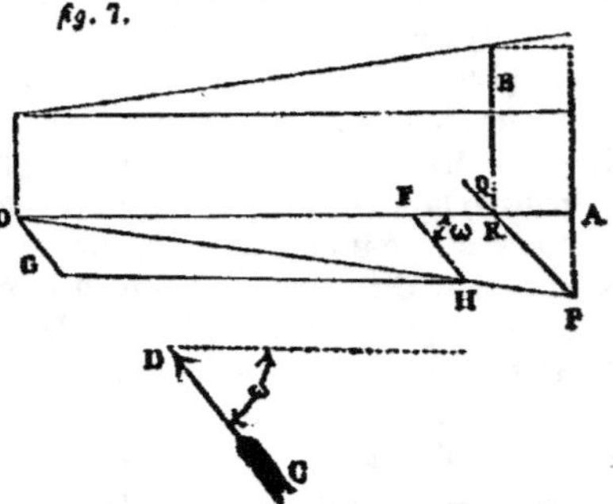

Supposons que l'on imprime à tout le système de l'arme, du projectile et de l'atmosphère, une vitesse égale à celle du vent et dans la même direction, mais en sens opposé, c'est-à-dire de D vers C. Rien ne sera changé dans les mouvements relatifs du projectile et de l'atmosphère, mais la vitesse absolue du fluide deviendra nulle, et la projection horizontale de la vitesse du projectile sera la résultante de la vitesse V_1 du mobile et de la vitesse W imprimée au système. Si l'on prend OF pour représenter V_1, et OG parallèle à DC pour représenter W, la composante horizontale de la vitesse sera représentée en grandeur et en direction par la diagonale OH du parallélogramme construit avec OF et OG pour côtés; représentons cette diagonale OH par u_1.

Après un certain temps, en vertu de la vitesse u_1, le projectile sera arrivé en un point dont la projection est P, et dont la distance OP au point de départ O est $OP = S$; soit t la durée du trajet OP : on aura, d'après ce qu'on a dit, $t = \frac{S}{u_1} D(S, u_1)$; mais pendant ce même temps t, en vertu de la vitesse W suivant OG, qu'on suppose imprimée au système, le projectile s'est avancé, dans la direction de DC, d'une quantité égale à tW : donc, pour ramener le système à ce qu'il serait sans la supposition, et pour avoir la véritable position du projectile, il faut par le point P mener une ligne parallèle à CD; celle-ci coupera OA en R, et, en prenant PQ égal à tW, le point Q sera la position que le projectile atteindra, et QR sera la déviation qu'il aura subie par l'action du vent relativement à la ligne OA suivant laquelle il était dirigé.

Or, puisque PR est parallèle à HF, en nommant x la distance OR, on aura OF : FH :: OR : PR; d'où

$$PR = OR\frac{FH}{OF} = x\frac{W}{V_1}$$

On aura aussi:

$$OH : OF :: OP : OR; \text{ d'où } OP = OR \times \frac{OH}{OF}; \quad \text{ou } S = x\frac{u_1}{V_1}$$

En représentant la déviation QR, ou PQ — PR par z, on aura :

$$z = tW - x\frac{W}{V_1} = \frac{xu_1}{V_1}\frac{W}{u_1}D - x\frac{W}{V_1}$$

ou

$$z = x\frac{W}{V_1}(D - 1).$$

(Ici, la valeur de D est D (S, u_1) et doit être calculée avec S et u_1; mais, en remarquant que S et u_1 diffèrent très-peu de x et de V_1, on pourra calculer D avec ces dernières valeurs.)

On obtient ainsi la déviation dans la direction et dans le sens du vent à une distance x comptée sur l'horizontale du plan de tir. La déviation comptée perpendiculairement au plan de tir serait $z \sin\omega$. Si ω est égal à un angle droit, la déviation est au maximum; si ω est égal à zéro, la déviation latérale est nulle.

Soit, par exemple, la balle du fusil d'infanterie, pour laquelle $c = 221^{m},4$, $x = 150^{m}$, $V = 450^{m.s}$ et $W = 5^{m.s}$; on suppose que le vent vient de la droite, dans le sens opposé au mouvement de la balle, et faisant, avec la ligne de tir, un angle de 60°. On trouvera, pour la déviation absolue, dans le sens du vent, $z = 0^{m},64$; cette déviation projetée sur le plan de la cible se réduira à $0^{m},55$; c'est la déviation latérale proprement dite à 150^{m}.

Mouvement de rotation des projectiles.

30. *Mouvement de rotation dû à la pression sur la paroi inférieure de l'âme.*

Lorsqu'un projectile sphérique et homogène est placé dans un canon contre la charge de poudre, il repose naturellement sur la paroi inférieure de l'âme, et il laisse, à la partie supérieure, une sorte d'évent.

Lorsque la charge de poudre est enflammée, une portion du gaz agit sur le projectile et le pousse ; une autre portion s'écoule par la partie supérieure et exerce, sur le projectile, une pression considérable de haut en bas. De la combinaison de ces deux effets résulte un frottement qui agit au point de contact des deux surfaces, perpendiculairement au rayon du projectile et dans la direction de l'avant à l'arrière.

Fig. 8.

De l'action de cette force tangentielle, pendant toute la durée du contact, résulte pour le projectile un mouvement de rotation en même temps qu'un mouvement de translation. Le premier a lieu autour d'un axe qui est perpendiculaire au rayon passant par le point de contact et à la direction du mouvement de translation. Quand le contact cesse, le projectile conserve le mouvement de rotation qu'il a acquis, tandis que sa vitesse de translation augmente durant tout son trajet dans l'âme. Il en sort sous une direction un peu plus élevée que l'axe de l'âme, et se meut dans l'air animé de son double mouvement. Ce projectile, après avoir quitté la paroi inférieure, pourra, si l'âme est assez longue, en frapper la paroi supérieure. Le choc, dans cette partie, altérera la vitesse de rotation et la direction du mouvement de translation sera plus abaissée que celle de l'axe. Un ou plusieurs nouveaux chocs pourront encore avoir lieu et produire des effets analogues.

31. *Mouvement de rotation dû à l'excentricité.*

La non-homogénéité de la matière des projectiles, les vides qui se produisent dans la coulée, sont cause, comme on l'a déjà dit, que le centre de gravité ne concorde pas avec le centre de figure. La distance de ces centres, ou l'excentricité, est, en général, très-faible, mais elle suffit pour produire un mouvement de rotation sensible.

La déviation comptée dans la direction du mouvement est $z \cos \omega$; elle est au maximum quand ω est nul ; elle est au minimum quand ω est un angle droit.

Supposons un projectile sphérique et excentrique (*fig.* 9), reposant sur la paroi inférieure de l'âme ; soit C le centre de figure et G le centre de gravité ; CG sera l'excentricité. Admettons que la pression des gaz s'exerce d'une manière uniforme sur l'hémisphère postérieur, leur résultante P passera par le point C. Le centre de gravité n'étant pas sur cette résultante, il y aura un mouvement de rotation, outre le mouvement de translation ; ce dernier aura lieu comme si toutes les forces étaient appliquées au centre de gravité du projectile. La force accélératrice qui produit le mouvement de rotation est proportionnelle à la résultante de ces forces et à la perpendiculaire G I abaissée du point G sur A. Cette distance varie à chaque instant ; elle est à son maximum lorsque GC est perpendiculaire à CA ; elle est nulle lorsque G C est sur CA. Elle varie peu durant le trajet du projectile dans l'âme.

Fig. 9.

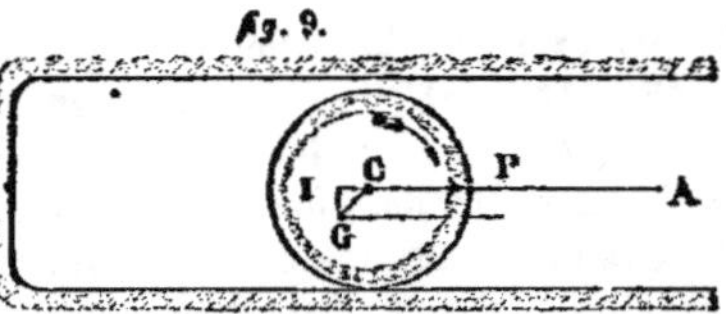

Par exemple : pour une balle de fusil d'infanterie, qui reçoit une vitesse initiale de translation de 450$^{m.:s}$, si l'excentricité était d'un vingtième de millimètre, et que la ligne des centres fût perpendiculaire à l'axe du canon, la vitesse de rotation de la balle serait de 120 tours par seconde, et elle ne ferait que $\frac{1}{11}$ de tour durant son trajet dans l'âme.

On atténue l'effet de cette excentricité sur le mouvement de rotation en plaçant la balle dans le canon de façon que le jet et, par suite, la cavité vide, soient du côté de la charge ; le centre de gravité est alors du côté de la bouche, et, par suite, dans la position la plus favorable.

Le sens du mouvement de rotation est déterminé par celui du centre de figure, qui est entraîné plus rapidement que le centre de gravité.

32. *Influence de la position relative des axes principaux d'inertie et de l'axe de rotation.*

Lorsque le projectile est sorti de la bouche à feu, son mouvement de rotation dans l'air continue sans être notablement ralenti par l'action de ce fluide. Mais, en général, l'axe de rotation ne reste ni fixe dans le projectile, ni parallèle dans l'espace.

Il y a, dans un corps de forme quelconque, trois lignes principales que l'on nomme les axes d'inertie. Autour du premier, le mouvement de rotation donne le moment d'inertie maximum ; autour du second, le moment d'inertie est un minimum. Chacun d'eux jouit de cette propriété que, quand il sert d'axe de rotation, le mouvement tend à persévérer autour de cet axe, et que si, par une cause étrangère, l'axe de rotation est déplacé d'une petite quantité limitée dans le corps, il changera à chaque instant, mais se rapprochera de l'axe principal d'inertie.

L'axe du plus petit moment d'inertie jouit de cette propriété à un moindre degré que l'axe du plus grand moment, c'est-à-dire que la limite du déplacement qu'il peut subir est moins considérable que dans le premier cas.

On voit que, quand l'une de ces lignes sert d'axe de rotation, la direction du mouvement de rotation est stable ; dans l'autre cas elle est instable. Dans un ellipsoïde à trois axes inégaux, par exemple, les trois axes de figure de l'ellipsoïde sont les axes principaux ; le plus petit est celui du plus grand moment d'inertie; le plus grand axe est celui du plus petit moment. Dans une balle sphérique aplatie, comme dans le chargement des carabines des chasseurs, *mod.* 1842, le diamètre suivant lequel est fait l'aplatissement est l'axe du plus grand moment d'inertie. Dans une balle cylindrique dont la longueur est plus grande que le diamètre, l'axe du cylindre est l'axe du plus petit moment d'inertie. Tout axe perpendiculaire au premier, et passant par le milieu de la longueur, est un axe du plus grand moment d'inertie.

Si une balle sphérique était parfaitement homogène, tous les moments d'inertie seraient égaux, et il n'y aurait, dans le mouvement de rotation, aucune cause nécessaire du changement de l'axe de rotation ; mais, s'il y a un petit vide éloigné du centre, le diamètre de la balle qui passe par le centre de ce vide, supposée de forme régulière et allongée suivant le rayon, est l'axe du plus grand moment d'inertie.

On peut constater facilement la propriété de stabilité de l'axe du plus grand moment d'inertie. On prend un disque de métal, comme une pièce de monnaie, un décime, par exemple, et on fixe un fil de 3 à 4 décimètres de longueur à un point de la surface en dehors de l'axe ; on tient ensuite ce fil entre les doigts, et on lui imprime un mouvement de rotation ; on voit bientôt le disque tourner autour de la verticale qui passe par le point d'attache ; l'axe conserve d'abord, relativement à la verticale, l'inclinaison qu'il avait au repos ; puis, à mesure que la vitesse de rotation augmente, l'axe du disque se rapproche de la verticale. Le disque tourne ainsi autour de l'axe du plus grand moment d'inertie, et se soulève malgré la pesanteur.

Si on remplace le disque par un cylindre, ayant, en longueur, 10 à 15 fois son diamètre, et qu'on le fixe par un point autre que son milieu, l'axe du cylindre, d'abord peu éloigné de la verticale, s'en éloignera de plus en plus en se rapprochant du plan horizontal à mesure que la vitesse de rotation augmentera.

33. *Par l'effet de son mouvement de rotation un projectile dévie de la ligne qu'il suivrait sans ce mouvement. La déviation a lieu dans le sens du mouvement de l'hémisphère antérieur.*

fig. 10.

Considérons un projectile qui soit animé à la fois d'un mouvement de translation suivant AB, *fig.* 10, et d'un mouvement de rotation suivant CD. Pour plus de facilité dans les expressions, nous supposerons que l'axe de rotation est vertical et que l'hémisphère antérieur se meut de droite à gauche pour l'observateur qui voit fuir le projectile devant lui. De cette disposition, il résulte que les points situés sur l'hémisphère de droite se meuvent dans le même sens que le centre de gravité, et que les points de l'hémisphère de gauche se meuvent dans le sens opposé ; les premiers auront, par rapport à l'air, une vitesse relative plus grande que ceux de l'hémisphère de gauche. Le déplacement de l'air se fera donc avec moins de facilité à droite qu'à gauche, et par suite, la densité du fluide et la pression seront plus grandes à droite que du côté opposé.

Il résulte de là qu'il n'y a plus de symétrie entre les résistances exercées autour de la direction du mouvement de translation, et que les résistances étant plus grandes sur l'hémisphère de droite, la pression sera, de ce côté, plus considérable qu'à gauche, et agira de manière à faire dévier le projectile de droite à gauche, c'est-à-dire dans le même sens que le mouvement des points de l'hémisphère antérieur. Cet effet croîtra avec la vitesse de translation et avec la vitesse de rotation.

Si l'axe de rotation, tout en restant dans le plan vertical de projection, fait un angle aigu avec la direction du mouvement, l'excès des vitesses absolues des points de l'hémisphère de droite sur les vitesses absolues des points symétriquement placés de l'hémisphère de gauche sera moindre; par conséquent, les densités et les pressions de l'air qui s'en suivent présenteront des différences moindres que dans le premier cas, et, par suite, les déviations qu'elles produiront seront moins considérables.

Enfin, si l'axe de rotation se confond avec la direction du mouvement, il y aura égalité dans toutes les résistances symétriquement disposées, et le mouvement de rotation ne produira aucune déviation.

Si l'axe de rotation n'est ni l'axe du plus grand moment d'inertie, ni celui du plus petit moment, sa position ne sera qu'instantanée, et elle variera dans le corps en même temps que sa direction variera dans l'espace; alors, la déviation aura lieu dans une direction et avec une intensité variables à chaque instant.

Cette direction pourra même, si le changement de l'axe de rotation est assez rapide, décrire plus d'une révolution dans le trajet du projectile, et produire ainsi une trajectoire très-différente de celle qu'elle aurait décrite, sans ce mouvement de rotation. Cela explique certaines déviations qui paraissent extraordinaires, et cela fait voir qu'un projectile, qui se dirige d'abord à droite de l'observateur, peut passer ensuite à gauche en traversant le plan vertical de tir.

Quelques puissances font usage d'obus rendus excentriques à dessein, et que l'on emploie en plaçant constamment le centre de gravité au-dessous du centre de figure; de cette manière on obtient sûrement un mouvement de rotation dans lequel l'hémisphère antérieur se meut de haut en bas; l'expérience montre qu'ils dévient tous du même côté, comparativement à des obus non excentriques, et qu'ils donnent des portées plus courtes; cette disposition a pour objet de diminuer la divergence des projectiles d'un coup à l'autre; mais elle n'y remédie pas complétement.

34. *Moyens de diminuer les déviations des projectiles.*

Les principales déviations des projectiles sont dues à leur mouvement de rotation dans l'air, particulièrement quand la direction de l'axe de rotation est variable dans le trajet; aussi doit-on s'attacher à empêcher ou à régler ce mouvement. C'est ainsi qu'en fixant à la partie postérieure d'une balle une petite tige de fer qui empêche le mouvement de rotation, on diminue beaucoup les déviations.

35. *Emploi des rayures en hélice dans les armes pour imprimer un mouvement de rotation aux balles.*

On règle le mouvement de rotation des balles de fusil en forçant les projectiles à s'engager dans les rayures en hélice tracées dans l'intérieur des carabines. La balle prend ainsi à la fois un mouvement de rotation autour de l'axe de l'arme et un mouvement de translation le long de cette ligne, et comme elle conserve ce mouvement de rotation dans l'air, les résistances se trouvent symétriquement réparties, et la pression de l'air n'est plus une cause de déviation.

Mais, si le centre de gravité ne se trouve pas exactement sur l'axe, il en résulte d'abord qu'au départ, comme on l'a déjà vu (art. 27), la direction du centre de gravité de la balle suit une ligne un peu différente de l'axe du canon. Par suite, l'axe de rotation ne se confond pas avec la trajectoire; l'écart qui en résulte dans la direction est d'autant plus grand que le pas de l'hélice est plus petit, ce qui fait voir que, sous ce rapport, il y a un inconvénient à avoir des rayures très-inclinées.

Si, de plus, l'axe de rotation n'est pas exactement l'un des axes principaux d'inertie, la direction de cet axe sera constamment variable, et cette variation pourra devenir très-considérable et produire de grandes déviations. Il est important que l'axe de rotation se confonde avec l'axe du plus grand ou du plus petit moment d'inertie, ou qu'il s'en écarte très-peu. On obtient cet effet par la forme de la balle. Ainsi, une balle aplatie dans un canon à rayures en hélice, tournant par suite autour de l'axe du plus grand moment d'inertie, présente de la stabilité dans le tir, c'est-à-dire, que l'axe de rotation ne s'écartera pas beaucoup de sa position première, et que, s'il s'en écarte, il tendra à y revenir. Elle présente même plus de stabilité qu'une balle longue.

L'on remarque, en effet, que les balles aplaties frappent le but, même quand il est très-éloigné, par l'hémisphère qui était primitivement et qui est resté en avant. Les balles longues jouissent de la même propriété, quand le trajet n'est pas grand. Mais, quand le trajet est grand, la courbure de la trajectoire fait que l'axe de rotation s'écarte notablement de la tangente à la trajectoire, qui est la ligne suivant laquelle s'exerce l'action de la résistance de l'air; cette divergence, constamment croissante dans les deux lignes, et de petites inégalités de la surface font disparaître la symétrie des résistances sur la surface et les conditions de stabilité; les causes de déviations s'accroissent; l'axe de rotation se rapproche alors dans la balle longue de l'axe du plus grand moment d'inertie, qui est perpendiculaire à l'axe du cylindre, et la balle ne frappe plus par la partie qui était primitivement en avant.

36. *Stabilité de l'axe de rotation dans les balles oblongues.*

La stabilité de l'axe de rotation des projectiles peut être augmentée par des résistances résultant de leur forme et agissant en arrière du centre de gravité. La balle oblongue, récemment adoptée en France, jouit de cette propriété.

Si G est le centre de gravité de cette balle (*fig.* 11), G A étant la direction du mouvement de translation, l'action de l'air est moindre sur la partie antérieure de forme arrondie, conique, ogivale ou hémisphérique, que sur la partie postérieure sur laquelle se trouvent tracées des rayures circulaires; il résulte de là que le point d'application de la résultante de ces forces est en un point R, situé en arrière du point G. Cela aurait également lieu si l'axe de symétrie était un peu écarté de la direction du mouvement. Cette disposition donne à la balle une stabilité qui augmente celle qui résulte du mouvement de rotation autour de G A.

fig. 11.

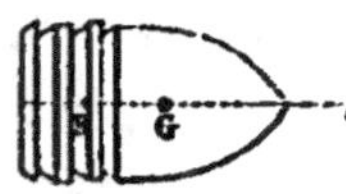

Il résulte de là que, si, par une cause quelconque, la direction de l'axe de symétrie de la balle tend à changer de position, en tournant autour de son centre de gravité, et qu'elle soit déjà devenue un peu oblique à la direction du mouvement (*fig.* 12), la résistance de l'air agira alors suivant BR parallèlement à GA, avec un bras de levier DR égal à la perpendiculaire DR, abaissée du point R sur AG, pour rapprocher l'axe de rotation SR de la ligne GA du mouvement de translation.

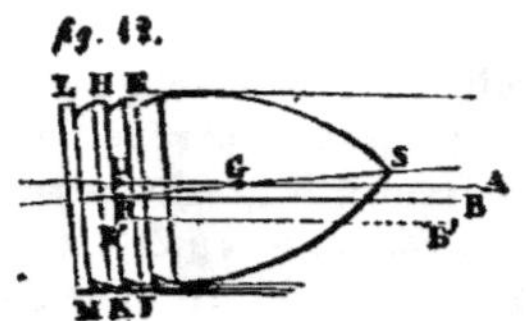

fig. 12.

Les rayures circulaires EF, HK, LM, pratiquées sur la surface du cylindre, augmentent beaucoup l'action de l'air à la partie postérieure du côté FKM qui s'est éloigné de la ligne GA ; tandis que, du côté opposé LHE, elles échappent à l'action directe de l'air. Il arrive par là que le centre de résistance R n'est plus sur l'axe de figure, mais bien en quelque point comme R', situé en dehors de l'axe de symétrie RS, et par conséquent plus éloigné que ne l'est ce point R de la direction GA du mouvement du centre de gravité. Il résulte de là que la présence des rayures augmentera l'action latérale de l'air et contribuera beaucoup à rapprocher l'axe GS de la direction du mouvement, et par conséquent à augmenter le moment de stabilité de la balle.

37. *Déviation particulière aux balles oblongues.*

Le centre de gravité G, par suite de l'action de la pesanteur, décrit une courbe qui tourne sa concavité du côté du sol; mais dans le mouvement de la balle, l'axe GS (*fig.* 13) ne prend pas immédiatement la direction de la tangente à cette trajectoire. Il résulte de là que, dans son trajet, cet axe fait toujours avec la tangente à la trajectoire un petit angle dont l'ouverture est tournée vers le but. La partie inférieure SF de la balle se présente donc à l'action de l'air sous une obliquité un peu plus grande que la partie supérieure, il résulte de là une composante dirigée de F vers E, qui fait dévier le projectile de bas en haut, et qui, par conséquent, donne une trajectoire moins courbée que celle qui appartiendrait à un projectile sphérique de même poids, ayant même vitesse initiale, et qui éprouverait de la part de l'air une résistance égale dirigée suivant la tangente à la trajectoire; elle donne comparativement, sous le même angle de projection, une trajectoire plus relevée et des portées plus grandes.

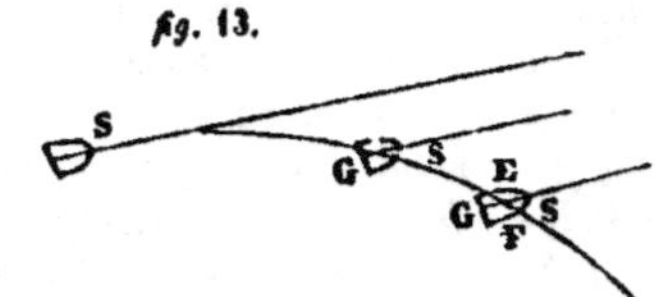

fig. 13.

Par suite de l'inclinaison de l'axe de la balle sur la trajectoire, et de la forme des rayures, la densité et la pression de l'air se trouvant plus considérables dans la partie inférieure que dans la partie supérieure, celle-là, par les aspérités naturelles de la balle et par celles qui proviennent de rayures du canon, exerce sur l'air une action plus considérable que la seconde et éprouve une résistance proportionnée; il résulte de là une composante perpendiculaire au plan de projection et dirigée dans le sens opposé au mouvement de la partie inférieure ou dans le même sens que le mouvement de la partie supérieure; cette composante fait dériver la balle de ce dernier côté; ce sera donc à la droite de l'observateur pour le sens ordinaire des rayures.

L'influence du mouvement de rotation et la stabilité de la direction de l'axe de figure des balles animées d'un mouvement de rotation sont bien démontrées par l'expérience. On obtient particulièrement une justesse extrêmement remarquable du tir bien dirigé des balles oblongues. La déviation latérale avec ces balles est assez sensible pour qu'on ait à en tenir compte aux grandes distances.

38. *Variations dans les hauteurs de la trajectoire et dans les portées dues à des différences dans la densité de l'air.*

La résistance que les projectiles éprouvent durant leur trajet dans l'air, étant proportionnelle à la densité de l'air, les changements de la température, de la pression barométrique et de l'état hygrométrique, qui font varier cette densité, ont sur la trajectoire et sur les portées une certaine influence. Il est utile de l'apprécier dans quelques cas. Par exemple, un abaissement de 15° dans la température et une élévation de $0^m,03$ dans la hauteur barométrique produiraient un abaissement de $0^m,023$ sur la trajectoire de la balle du fusil d'infanterie à la distance de 200^m, et une diminution de portée de $1^m,12$. Un abaissement de 1° dans la température ou une élévation $0^m,004$ dans le baromètre produisent également un abaissement de $0^m,001$ à la distance de 200^m, et une diminution de portée de $0^m,05$. Ces quantités étant très-faibles, on voit qu'on ne doit pas attribuer une grande importance aux variations de la température ou de la pression de l'air (*).

(*) *Sur l'effet de la variation de la densité de l'air.*

Dans l'équation de la trajectoire:

$$y = x \operatorname{tang}\varphi - \frac{g}{2}\frac{x^2}{V^2\cos^2\varphi}B$$

la fonction B varie avec $\frac{x}{c}$, qui a pour valeur $x\frac{2A\pi R^2 g}{P}$, la quantité A que nous avons prise égale à 0,028 se rapporte à la densité moyenne de l'air 1,208 qui résulte de la température de 15°, de la pression barométrique de $0^m,750$ de mercure, et de l'état moyen d'humidité de l'air; on doit la faire varier proportionnellement à la densité de l'air.

Pour une densité donnée δ, il faudra à A substituer $A\frac{\delta}{1,208}$; la valeur de $\frac{1}{c}$ et de $\frac{x}{c}$ augmenteront dans le même rapport, et la valeur de B augmentera aussi d'une quantité qui sera donnée par la table III. Si on représente par Δ la différence dans la valeur de B, celle des hauteurs de la trajectoire à la distance x sera $-\frac{g}{2}\frac{x^2}{V^2\cos^2\varphi}\Delta$.

En divisant cette différence des hauteurs par l'inclinaison de la trajectoire au but, représentée par $\operatorname{tang}\theta$, on aura à très-peu près la différence des portées.

Ces quantités sont toujours très-petites dans les limites possibles des variations de l'état atmosphérique et des distances ordinaires du tir.

Prenons, par exemple, la balle du fusil d'infanterie de $0^m,0167$ tirée avec la charge de 9 grammes de

QUATRIÈME LEÇON.

Du tir des armes.

39. *Considérations générales sur le tir des armes.*

La trajectoire que décrit dans l'air un projectile dont on connaît le diamètre et le poids, dépend essentiellement de l'angle et de la vitesse de projection.

Dans les armes à feu et dans les bouches à feu que l'on emploie en campagne, le poids de la charge et celui de la cartouche sont fixés à l'avance, et l'on doit déterminer l'angle de projection de manière à atteindre le but. Dans d'autres cas, comme dans le tir des mortiers, on se donne l'angle de tir et l'on cherche le poids de la charge de poudre de manière à obtenir la vitesse initiale qui fournit la portée demandée.

Dans d'autres cas, on détermine à la fois la charge de poudre et l'angle de projection, de manière à arriver au but sous une inclinaison donnée.

Dans le premier cas, celui des canons et des armes à feu, le tir a toujours lieu sous des angles très-peu élevés, de sorte que (art. 17) la trajectoire conserve une forme et une position constantes relativement à l'axe du canon.

40. *Pointage des bouches à feu et des armes à feu. Ligne de mire, ligne de tir, ligne de projection, but en blanc.*

Pour diriger une arme à feu, il y a deux conditions à remplir, savoir : 1° placer l'axe de cette arme à feu dans le plan vertical du point à battre; 2° lui donner l'inclinaison nécessaire pour que le projectile atteigne ce point.

Pour que cela puisse se faire facilement, l'arme à feu et la bouche à feu portent deux points placés dans le plan de symétrie qui contient l'axe du canon; l'un de ces points est l'*encoche*

---

poudre, celui d'un abaissement de 15° dans la température, et d'une élévation de $0^m,03$ dans la hauteur barométrique. La densité sera 1,310, ce qui fait une augmentation de $\frac{1,310 - 1,208}{1,208} = \frac{0,132}{1,208} = 0,11$ dans la densité de l'air (dont 0,07 pour la première cause et 0,04 pour la seconde); l'augmentation proportionnelle dans la valeur de $\frac{x}{c}$, pour la distance de 200^m produit une augmentation de 0,024 dans la valeur de B qui est 1,859, et par conséquent un abaissement de $\frac{4,9045 \cdot (200)^2}{(450)^2}\, 0,024 = 0^m,023$ dans la trajectoire à cette distance.

L'inclinaison de la trajectoire étant 0,02044 relativement à la ligne qui va au but, il en résulte une variation de $\frac{0^m,023}{0,02044} = 1^m,12$ dans les portées horizontales.

du fond de la visière du côté de la culasse, l'autre est, du côté de la bouche, le point le plus élevé, ou sommet, d'une pièce de métal que l'on nomme *guidon*.

La ligne droite ou le rayon visuel qui passe par ces deux points est la *ligne de mire*.

Pour diriger une arme à feu, on la tient de façon que le plan de symétrie de l'arme soit vertical, et que la ligne de mire coupe en un point convenablement élevé la verticale du point à battre. Il résulte de là que la trajectoire coupera la verticale et passera par le but. Les hauteurs du point visé au-dessus du but qui dépendent de la distance, doivent être déterminées à l'avance, elles forment les *règles de tir*.

On nomme *ligne de tir* le prolongement de l'axe du canon. L'angle de cette ligne avec le plan horizontal est l'*angle de tir*.

Dans les armes à feu, la hauteur de la visière, au-dessus de l'axe du canon, est plus grande que la hauteur du guidon, de sorte que la ligne de mire rencontre la ligne de tir en avant du canon. L'angle très-aigu qu'elle fait avec cet axe se nomme *angle de mire*. Souvent, pour le préciser davantage, on le nomme *angle de mire naturel*.

Quand la ligne de mire est horizontale, l'angle de tir est égal à l'angle de mire; mais, comme la ligne de projection véritable peut différer de l'axe du canon, l'angle de projection n'est pas toujours égal à l'angle de tir.

La ligne de mire coupe la trajectoire en deux points, l'un près de la bouche, l'autre à une certaine distance. Il résulte de là que, quand on est à une distance du but égale à celle de cette seconde intersection, l'on doit diriger la ligne de mire sur le but à atteindre; ce point, cette seconde intersection de la ligne de mire et de la trajectoire, est nommée *le but en blanc*. La distance de ce point à la bouche est la *portée du but en blanc*. On suppose que la ligne de mire est dans un plan horizontal, ou n'en diffère pas beaucoup.

41. *Règles de tir avec la ligne de mire naturelle.*

Depuis la bouche du canon jusqu'à la première intersection, la trajectoire est en dessous de la ligne de mire; elle passe ensuite au-dessus, s'en éloigne d'abord, puis s'en rapproche jusqu'au but en blanc, où elle passe en dessous et s'en éloigne de plus en plus.

De ces observations, on tire les conséquences suivantes :

1° Si le but est à la distance de l'une ou de l'autre des deux intersections, il faut viser directement sur le point à battre;

2° Si le but est entre la bouche du canon et la première intersection, il faut viser au-dessus; mais, dans la pratique, cette quantité est si faible, comparativement à l'étendue des corps à frapper, et la première intersection est si rapprochée de la bouche du canon, que, jusqu'à ce point, on regarde comme se confondant ensemble la ligne de mire et la trajectoire;

3° Si le but est entre les deux intersections, il faut viser au-dessous de quantités qui varient avec les distances;

4° Si le but est au delà de la seconde intersection, il faut viser au-dessus de quantités qui augmentent avec la distance.

Ces règles sont applicables aux bouches à feu posées sur les affûts. Le plan qui contient la ligne de mire est mené par l'axe du canon perpendiculairement à l'axe des tourillons. Le plan est vertical quand l'axe des tourillons est horizontal.

42. *Détermination de l'angle de mire.*

L'angle de mire est déterminé d'après les dimensions de l'arme. Soit, dans une arme à feu portative (*fig.* 14), $AB=r$, la distance du sommet du guidon à l'axe OD du canon; $CD=R$, la distance du fond C de la visière au même axe OD, et l la distance AD du fond de la visière au sommet du guidon, mesurée parallèlement à cet axe, et soit, dans un canon, $CD=R$ le demi-diamètre de la plate-bande de culasse, $AB=r$ le demi-diamètre au plus grand renflement du bourrelet et l la distance qui sépare ces cercles.

Si, par le point B, on mène une ligne BG parallèle à l'axe, l'angle CBG sera l'angle de mire; en le nommant m, on aura $\tang m=\frac{CG}{BG}$, or $CG=CD-BA=R-r$; on aura donc $\tang m=\frac{R-r}{l}$.

On doit se rappeler ici que la balle ne sortant pas toujours de l'arme suivant l'axe du canon, il en résulte que, quand la ligne de mire est horizontale, l'angle de projection n'est pas nécessairement égal à l'angle de mire. Il y a une différence entre φ et m, qui peut varier à chaque coup, et dont il est important de déterminer la moyenne par l'expérience pour chaque arme.

43. *Règles de tir avec la hausse. — Ligne de mire artificielle.*

Lorsque le point à atteindre est éloigné et que, par suite, la ligne de mire devrait être dirigée à une grande hauteur au-dessus du point à battre, il est presque impossible de faire l'opération avec quelque précision; on emploie alors une hausse, qu'on ajoute à la culasse, et qui sert à éloigner de l'axe du canon le fond du cran de mire, et, par suite, à augmenter l'angle de mire. On a ainsi une nouvelle ligne de mire qu'on nomme *ligne de mire artificielle*, expression qui la distingue de la ligne de mire sans hausse, ou *ligne de mire naturelle.*

Si l'on détermine la hausse, de façon que la ligne de mire artificielle coupe la trajectoire à la distance donnée du but, il est évident qu'à cette distance on devra pointer de but en blanc. C'est ce mode de pointage qu'on emploie presque exclusivement avec les canons de campagne.

Avec les armes à feu qui sont destinées au tir à de grandes distances, la ligne de mire naturelle ne suffit pas, et on a recours à une hausse qui porte plusieurs visières à des hauteurs convenablement choisies. Chacune d'elles donne un but en blanc distinct et une ligne de mire artificielle particulière.

Pour viser dans l'intervalle de deux buts en blanc, on se sert de l'une des hausses, et l'on vise au-dessus ou au-dessous du but d'une quantité qui est déterminée à l'avance; à chaque visière correspond ainsi une règle de tir particulière.

On fait aussi usage d'un curseur muni d'un cran de mire qu'on élève sur une tige plate en métal, et sur laquelle se trouvent des traits indiquant la position du curseur pour les diverses distances.

44. *Détermination des règles de tir d'une arme.*

Si l'on connaît pour une arme la trajectoire relative à une ligne de mire, les ordonnées de cette trajectoire au-dessus de cette ligne de mire, prise pour ligne des abscisses, sont les quantités dont on doit viser au-dessous du but pour l'atteindre. Les ordonnées de la même trajectoire, au-dessous de cette ligne, sont les quantités dont on doit viser au-dessus du but.

Soit V la vitesse initiale, φ l'angle de projection, rapporté à la ligne de mire supposée horizontale ou peu inclinée ; x les distances ou les abscisses, et y les ordonnées de la trajectoire. D'après l'équation connue de la trajectoire (4), on aura $y = x \text{ tang}\varphi - \frac{g}{2}\frac{x^2}{V^2}B$. On prendra pour x un certain nombre de valeurs croissant de 25^m, en 25^m par exemple, s'il s'agit d'un fusil, de 50 en 50^m ou de 100 en 100^m, s'il s'agit d'un canon ; on calculera les valeurs de B qui y correspondent. Les ordonnées positives donneront les quantités dont on doit viser au-dessous du but. Les ordonnées négatives donneront les quantités dont on doit viser au-dessus du but.

Pour plus de simplicité, on compte les ordonnées au-dessus de la ligne de mire, au lieu de les compter au-dessus d'une ligne qui passerait par le centre de la bouche du canon ; la petite quantité dont on ne tient pas compte peut être négligée.

45. *Hausses.*

Soit (*fig.* 15), O le centre de la bouche du canon, OA la ligne de tir, B le sommet du bour-

fig. 15.

relet, C le fond du cran de visière, CB la ligne de mire, M le but en blanc, et OFMN la trajectoire. Le point N étant au delà du but en blanc et au-dessous de la ligne de mire, on abaissera une ligne NP perpendiculaire à la ligne de tir, et on la limitera à la ligne de mire en P ; NP sera la quantité dont il faut pointer au-dessus du but pour l'atteindre. Si on joint le point N et le sommet B du guidon par une ligne droite, et qu'on prolonge cette ligne jusqu'à sa rencontre avec le rayon DC en G ; CG sera la hausse à employer pour pouvoir atteindre le but à la distance BP, en visant de but en blanc.

Les deux lignes CG et NP étant parallèles, les deux triangles BGC et BNP sont semblables ; on aura donc la proportion GC : CB : : PN : BP, de laquelle on tire $GC = \frac{CB \times PN}{BP}$, et, en nommant H la hausse GC, b l'ordonnée PN et a la distance BP, on aura $H = b \cdot \frac{l}{a}$.

Les mêmes considérations s'appliquent au tir des armes portatives destinées à tirer à de grandes distances, telles que les carabines à tige, et on arrive à la même relation.

Application de la balistisque au tir des armes portatives.

46. *Conditions à remplir dans l'établissement d'un modèle d'arme à feu portative.*

La distance à laquelle on peut obtenir d'une arme à feu portative ordinaire l'efficacité nécessaire dépend de la longueur et du diamètre intérieurs du canon. La distance à laquelle elle peut agir, comme arme de main, dépend de sa longueur totale. L'augmentation de l'efficacité qui résulte de ses dimensions est limitée par la condition de ne pas dépasser un certain poids, afin que le soldat puisse porter son arme dans la marche et la manier avec facilité. La longueur du canon est aussi limitée, par la condition que les soldats à rangs serrés puissent charger l'arme facilement.

Le diamètre de la balle doit être inférieur à celui du canon d'une quantité telle que la balle, enveloppée par le papier de la cartouche, laisse un jeu suffisant et qu'on puisse encore introduire la balle, ainsi enveloppée, malgré l'encrassement qui résulte d'un tir de au moins cinquante coups.

Le poids de la charge de poudre est limité par la condition de ne donner à l'arme qu'un recul que puisse supporter le tireur dans un tir continu et prolongé. Aussi, le poids de la charge des armes a-t-il varié généralement en sens inverse de celui de la balle, de manière à donner un recul à peu près constant. La longueur des canons des autres armes à feu portatives et le poids des charges de poudre sont déterminés par des considérations semblables.

Les dimensions extérieures du canon doivent satisfaire aux conditions de solidité. Les élévations du guidon et de la visière doivent être déterminées d'une manière très-précise, et de façon que les règles de tir soient simples et que l'arme puisse être facilement dirigée aux diverses distances, même par des soldats peu exercés.

Vu les dimensions des objets sur lesquels le tir est habituellement dirigé à la guerre, il importe qu'en cherchant à atteindre un homme vers le milieu du corps, on n'ait pas à viser un point plus élevé que le sommet de la coiffure, ou plus bas que les pieds; autrement l'opération de viser deviendrait très-difficile. Il n'est pas moins important que la distance du but en blanc soit comprise dans celles où l'on fait le plus fréquent usage de l'arme, de façon que, sans connaître précisément la distance du but, on ait la chance de frapper le corps d'un homme en visant le milieu de sa hauteur. Il est très-utile aussi que, en deçà du but en blanc, les élévations de la trajectoire au-dessus de la ligne de mire soient assez faibles pour pouvoir être négligées sans grande erreur, et que, dans tout cet intervalle, on puisse prendre pour règle de viser directement le point à frapper. Une grande vitesse initiale, d'où résulte une trajectoire peu courbée, permet de satisfaire facilement à l'ensemble de ces conditions.

Les armes, en France, n'ont pas toujours satisfait à cet ensemble de conditions. D'après des expériences faites en 1824, avec la balle de $0^{m},01635$ pesant $25^{g},6$, et le fusil du modèle 1822 du calibre de $17^{mm},44$, avec la charge de $9^{g},5$ dans le fusil à silex et de 9^{g} dans le fusil percutant, on avait déterminé la hauteur de la visière, de manière à obtenir une portée de but en blanc de 150^{m}; on visait alors par le fond du cran de mire et par le guidon, en rasant la virole de la baïonnette.

En 1842, on a augmenté le calibre du fusil; on l'a porté à $0^m,018$. On a augmenté également celui de la balle et on l'a porté à $0^m,017$ et son poids à 29^g; mais on a diminué le poids de la charge pour ne pas augmenter le recul; il est résulté de là que la vitesse de la balle a été moins grande qu'auparavant, que la trajectoire a été plus courbée et qu'elle a coupé la ligne de mire à une moindre distance de la bouche. De plus, on a prescrit de viser par le sommet du guidon; ce qui a diminué l'angle de mire.

En 1848, on a de nouveau modifié la balle; on a réduit son diamètre à $0^m,0167$ et son poids à 27^g, en conservant le calibre du canon. Cette dernière modification a ramené la charge à celle de 1824; mais le poids et le vent étant comparativement plus grands, la vitesse de la balle a été moindre et la trajectoire plus courbée; le but en blanc s'est trouvé moins éloigné. Il n'est plus qu'à 100 mètres.

47. *Vitesses initiales des balles de fusil.*

Pour appliquer les formules de balistique au tir des armes, on doit connaître la vitesse initiale résultant de la charge que l'on emploie. Cette vitesse dépend aussi du diamètre et du poids de la balle et du mode de chargement. Le tableau suivant contient les vitesses de la balle de $0^m,0167$ aux charges actuelles de guerre, dans les armes en usage. Ces vitesses ont été déterminées au moyen du pendule balistique avec des armes de calibre exact, ou qui n'en différaient que peu.

Tableau des vitesses initiales des balles de fusil dans diverses armes à feu portatives, déterminées au moyen du pendule balistique avec la balle de $0^m,0167$.

DÉSIGNATION DES ARMES.	CALIBRE des armes.	LONGUEUR de l'âme.	POIDS de la charge.	VITESSE de la balle.
	mètres.	mètres.	grammes.	m:
Fusil d'infanterie, modèle 1822, transformé	0,0180	1,06	8,0	422
Id. *id.* *id.*	*Id.*	*Id.*	8,5	432
Id. *id.* *id.*	*Id.*	*Id.*	9,0	446
Id. *id.* *id.*	*Id.*	*Id.*	9,5	460
Id. *id.* *id.*	*Id.*	*Id.*	10,0	471
Fusil double de voltigeur corse	0,0178	0,789	9,0	445
Fusil de dragon, modèle 1822, transformé	0,0178	0,908	6,75	388
Id. *id.* *id.*	*Id.*	*Id.*	6,00	373
Id. modèle 1842, *id.*	0,0180	0,904	6,75	378
Mousqueton de gendarmerie, modèle 1825, transformé	0,0178	0,738	6,75	400
Id. *id.* *id.*	*Id.*	*Id.*	6,00	362
Id. *id.* *id.*	*Id.*	*Id.*	4,50	318
Mousqueton de cavalerie, modèle 1822, transformé	*Id.*	0,483	4,50	280
Pistolet de cavalerie, modèle 1822, transformé	0,0176	0,208	4,50	215
Id. *id.* *id.*	*Id.*	*Id.*	3,00	178

48. *Formules des vitesses initiales des balles.*

Le tableau qui précède donne les vitesses des balles à diverses charges et pour divers calibres en usage; mais il est utile de pouvoir déterminer l'influence d'une modification dans les dimensions du canon ou de la balle.

La formule qui suit est fondée sur les principes du mouvement des projectiles dans les armes à feu et sur les résultats d'expérience. Elle peut servir à passer d'un cas particulier, pour lequel on connaît la vitesse de la balle, à un autre, pour lequel on n'a pas d'expérience directe.

Soit C le calibre de l'arme, L la longueur du canon, 2R le diamètre de la balle, P son poids, *m* le poids de la charge de poudre, M celui de la poudre ordinaire de mousqueterie tassée qui remplirait l'âme, et dont la densité, rapportée à celle de l'eau, est 0,950 et qui donne $M=\pi C^2 L \times 950^k$; $\pi=3,1416$. Soit K un coefficient quelconque qui sera déterminé par l'expérience; *log* exprimant les logarithmes des tables ordinaires; le mètre, le kilogramme et la seconde étant pris pour unités, la vitesse initiale cherchée étant V, on aura

$$V=\sqrt{K\frac{m}{P+\frac{1}{3}m}\log\frac{M}{m}}-1100\,\frac{C^2-R^2}{C^2}.$$

Le second terme exprime la perte de vitesse due au vent; le coefficient 1100 appartient aux balles sphériques enveloppées du papier de la cartouche.

Quand on voudra connaître la vitesse des balles pour un cas particulier et différent de ceux du tableau, on déterminera la valeur de K, en partant des données du tableau pour un cas qui s'en approche le plus, et on aura

$$K=\frac{\left(V+1100\,\frac{C^2-R^2}{C^2}\right)^2}{\frac{m}{P+\frac{1}{3}m}\log\frac{M}{m}}$$

On en déduira ensuite la vitesse V pour le cas particulier dont il s'agit.

Avec la poudre de mousqueterie ordinaire, dans les armes portatives, on a K=810000; ce nombre varie un peu avec la qualité de la poudre (*).

(*) A défaut de tables de logarithmes ordinaires, on pourra se servir de l'extrait suivant, qui suffira pour les calculs à faire dans la recherche des vitesses des projectiles des armes à feu :

Nombres.	Logarithmes.	Différences.	Nombres.	Logarithmes.	Différences.	Nombres.	Logarithmes.	Différences.	Nombres	Logarithmes.	Différences.	Nombres.	Logarithmes.	Différences.
5,0	0,699	41	10,0	1,000	21	15,0	1,176	14	20,0	1,301	21	30,0	1,477	14
5,5	0,740	38	10,5	1,021	20	15 5	1,190	14	21,0	1,322	20	31,0	1,491	14
6,0	0,778	35	11,0	1,041	20	16,0	1,204	13	22,0	1,342	20	32,0	1,505	13
6,5	0,813	32	11,5	1,061	18	16,5	1,217	13	23,0	1,362	18	33,0	1,518	13
7.0	0,845	30	12,0	1,079	18	17,0	1,230	13	24,0	1,380	18	34,0	1,531	13
7,5	0,875	28	12,5	1,097	17	17,5	1,243	12	25,0	1,398	17	35.0	1,544	12
8,0	0.903	26	13,0	1,114	16	18,0	1,255	12	26 0	1,415	16	36,0	1,556	12
8,5	0,929	25	13,5	1,130	16	18,5	1,267	12	27,0	1,431	16	37,0	1,568	12
9,0	0,954	24	14,0	1,146	15	19,0	1,279	11	28 0	1,447	15	38,0	1,580	11
9,5	0.978	22	14,5	1,161	15	19,5	1,290	11	29,0	1,462	15	39,0	1,591	11
10,0	1,000		15.0	1,176		20,0	1,301		30,0	1,477		40,0	1,602	

49. *Détermination de la trajectoire et des règles de tir, par l'expérience.*

Pour déterminer les règles du tir avec une arme à feu portative, on procède comme il suit :

Le poids de la charge étant déterminé par les conditions qui ont été exposées plus haut, on choisit les armes dans des conditions régulières, tant pour le calibre que pour les dimensions qui déterminent l'inclinaison de la ligne de mire. On dispose verticalement une cible assez étendue pour qu'on puisse recueillir la totalité ou la presque totalité des coups; ayant, par exemple, 4^m de base et 4^m de hauteur. On la place devant une butte de terre; son centre à mi-hauteur et au milieu de la longueur, afin de pouvoir recueillir encore les positions de quelques-uns des coups qui n'atteignent pas la cible.

La cible est divisée par des lignes horizontales, à 0^m,10 de distance les unes des autres, et numérotées à partir de la ligne qui passe par le centre de la cible; elle est divisée d'une manière analogue par des lignes verticales.

Sur une ligne tracée sur le terrain dans un plan vertical perpendiculaire à celui de la cible et passant par son milieu, on prend des points situés à des distances de la cible croissant par quantités égales à 25^m ou à 50^m.

Dans le tir aux diverses distances, la ligne de mire sera dirigée à chaque coup sur le centre de la cible représenté, d'une manière appparente, par un cercle noir.

La balle ayant frappé en un certain point de la cible, on mesure la distance de ce point d'impact particulier à l'horizontale milieu; on a ainsi la hauteur du point d'impact rapportée à l'horizontale passant par le point visé.

On mesure aussi la distance du même point d'impact à la verticale passant par le point visé, et on a l'écart du plan de tir, soit à gauche, soit à droite du tireur.

Pour plus de rapidité, on ne mesure ces positions qu'après un certain nombre de coups, 40 par exemple.

On fait la somme des distances des points d'impact qui sont au-dessus et celle des distances des coups qui sont au-dessous. On prend la différence de ces sommes et on la divise par le nombre total des coups. On a ainsi la moyenne des hauteurs des points d'impact. Le sens dans lequel doit être comptée la moyenne est celui des coups qui donnent la somme la plus grande.

On opère de la même manière relativement à la distance des points d'impact à la verticale qui passe par le point visé; en distinguant les coups qui sont à droite de ceux qui sont à gauche, on divise par le nombre des coups l'excès de la plus grande somme sur la plus petite, le quotient donne la déviation horizontale moyenne; celle-ci doit être comptée à droite ou à gauche, suivant que ce sont les coups de droite ou ceux de gauche qui ont donné la somme la plus grande.

La moyenne des hauteurs des points d'impact et la moyenne des déviations horizontales sont regardées comme l'ordonnée et l'abscisse d'un point particulier, qui est le point central de l'ensemble des coups et que l'on nomme le *point d'impact moyen;* il se rapporte au point de la ligne de mire prolongée situé à une distance de l'arme égale à celle de la cible.

On recommence à la même distance une seconde, puis d'autres séries. On prend de même, pour chacune d'elles, la hauteur moyenne des points d'impact; ces hauteurs moyennes diffèrent plus ou moins entre elles : en prenant la moyenne somme des moyennes par série, on a une moyenne générale qui appartient à l'ensemble des coups tirés, et qui laisse, sur la détermination de l'ordonnée de la trajectoire, moins de chances d'erreur qu'une moyenne particulière prise au hasard.

Lorsque les moyennes des séries diffèrent peu entre elles, on a lieu de croire qu'en prolongeant beaucoup le tir, on n'arriverait pas à un résultat notablement différent; si, au contraire, les moyennes de chaque série diffèrent notablement entre elles, il reste de l'incertitude sur le résultat final.

On pourra apprécier le degré d'incertitude en disposant toutes les moyennes hauteurs de séries par ordre de grandeur, et en faisant, sur l'ensemble, abstraction de celles qui s'en écartent le plus, soit en plus, soit en moins, et, en prenant la moyenne sur les autres. La différence entre ce résultat et le précédent sera d'autant plus faible que le nombre des séries sera plus considérable, et que les moyennes se rapprocheront le plus les unes des autres.

On opérera de la même manière pour d'autres distances, en multipliant d'autant plus le nombre des coups que les distances sont plus grandes, et que, par suite, les moyennes présentent entre elles moins de régularité.

Ayant ainsi les moyennes hauteurs des points d'impact, pour diverses distances, on déterminera la relation qui lie les ordonnées entre elles. On peut le faire, soit par un tracé, soit par une formule.

50. *Tracé de la trajectoire.*

Pour tracer la trajectoire, on mène une ligne OA qui représente la ligne de mire prolon-

fig. 16.

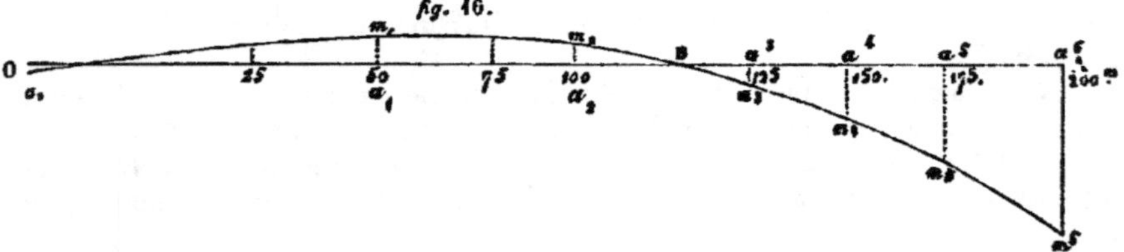

gée, supposée horizontale, sur laquelle on compte les distances, à l'échelle que comporte la grandeur du papier, à celle de $0^m,002$ pour $1^m,000$, par exemple.

S'il s'agit du tir du fusil d'infanterie, qui ne dépasse pas ordinairement 200^m, on aura tiré, particulièrement aux distances de 50^m, 100^m, 125^m, 150^m, 175^m et 200^m; à cette dernière distance, ce n'est pas trop de 6 à 8 séries de 40 coups. Au-dessous du point O, on porte une hauteur Oa_0 égale à celle du guidon de l'arme au-dessus de l'axe du canon.

A chacune des distances Oa_1, Oa_2..... prises pour abscisses, on porte les hauteurs moyennes $a_1\,m_1$, $a_2\,m_2$,..... des points d'impact, prises pour ordonnées, et on a autant de points de la trajectoire du projectile.

Pour mesurer les hauteurs avec plus de précision, on les prend à une échelle plus grande que celle des distances, à celle de $0^m,01$ pour $1^m,00$, par exemple; cela les rendra comparativement 50 fois plus grandes que les premières, mais ne changera rien aux relations qu'on déduira du tracé, à la condition, toutefois, qu'on mesurera les abscisses et les ordonnées aux échelles qui s'y rapportent.

Si les ordonnées étaient exactement celles de la trajectoire moyenne, on ferait passer une courbe par tous les points m_1 m_2......... Mais, comme chacune de ces grandeurs laissera un peu d'incertitude, il arrivera que, pour être régulière, la courbe devra laisser quelques points en dehors; on la tracera de telle sorte que la somme des distances, à la courbe, des points qui sont en dessus soit à peu près égale à la somme des distances, à cette même courbe, des points qui sont en dessous.

Cela fait, on mesurera, aux distances qu'on voudra, l'ordonnée de la trajectoire; et on aura la quantité dont on doit viser au-dessous ou au-dessus du but pour l'atteindre, suivant que la trajectoire est au-dessus ou au-dessous de la ligne de mire.

La distance OB du point O au point B où la trajectoire coupe la ligne de mire OA pour la seconde fois, en passant de dessus en dessous, est la portée du but en blanc.

51. *Détermination de la trajectoire et des règles de tir par le calcul.*

On obtiendra des résultats plus précis en faisant usage de l'équation de la trajectoire.

Pour cela, on aura cherché à déterminer, au moins approximativement, pour la charge de poudre que l'on emploie, la vitesse initiale de la balle, soit par des expériences au pendule balistique, soit au moyen des formules qui ont été données plus haut (art. 48).

Pour l'une quelconque des distances où la hauteur du point d'impact au-dessus de la ligne de mire est connue, on cherche l'angle de projection. Si a est la distance, b la hauteur moyenne observée, en faisant $\frac{a}{b} = \text{tang}\,\varphi$, nommant φ l'angle de projection, on aura, en remarquant que les angles sont très-petits (art. 18 [13]).

$$\text{tang}\,\varphi = \text{tang}\,\varepsilon + \frac{g}{2}\frac{a}{V^2}\,B.$$

Rappelons qu'on pourra remplacer $\frac{g}{2V^2}$ par $\frac{1}{4h}$ et trouver la valeur de h dans la table II. Pour la valeur V, et pour chacune des distances a_1, a_2...., on calculera B, et les valeurs de $\text{tang}\,\varepsilon = \frac{b_1}{a_1}, \frac{b_2}{a_2}$..... on obtiendra autant de valeurs φ.

Si les points m_1, m_2, ... étaient déterminés avec précision, et que la valeur de V fût exacte, les valeurs de tang φ qui y correspondent seraient égales entre elles; mais, à cause des petites inégalités inévitables dans les résultats d'expériences, il arrivera que les valeurs de tang φ ne seront pas égales.

Si l'on ne reconnaît pas qu'elles augmentent ou qu'elles diminuent d'une manière constante avec les distances, et que les différences entre elles paraissent seulement accidentelles, on prendra pour tang φ la valeur moyenne entre toutes les valeurs calculées.

Si les valeurs de tang φ croissent constamment avec les distances, par exemple, c'est que la valeur que l'on a prise pour V n'est pas exacte, et qu'elle est trop faible; il faut essayer une ou deux valeurs plus grandes; si, au contraire, les valeurs de tang φ croissent en raison inverse des distances, c'est que V est trop fort; il faut essayer une ou plusieurs valeurs de V plus petites. On arrivera ainsi à une valeur convenable de V, et on prendra pour tang φ une valeur moyenne entre celles qui correspondent à chacune des distances a_1, a_2....... (*).

Connaissant ainsi V et φ on emploiera la formule :

$$y = x \tang \varphi - \frac{g x^2}{2 V^2} B,$$

et l'on calculera les ordonnées y pour chacune des distances 50m, 100m, 125m........

Les différences entre les valeurs de b_1, b_2.... et les valeurs de y calculées ne se trouveront pas de mêmes signes.

On se servira de la même formule pour calculer les hauteurs à toutes les distances que l'on voudra, soit intermédiaires entre les autres, soit au delà des plus grandes.

L'emploi des formules sera particulièrement utile, dans le cas où l'on n'aurait les hauteurs de la trajectoire qu'à un très-petit nombre de distances, à deux, par exemple, ou même à une seule lorsque l'on connaîtra la vitesse initiale.

Exemple : avec le mousqueton de gendarmerie tiré à la charge de 6g,75 on a eu les résultats ci-après indiqués :

Distance de la cible	100m.	150m.	200m.
Hauteurs moyennes observées sur 200 coups	—0m,31	—0m,93	—2m,07
Avec la vitesse V=400m, on trouve pour la moyenne des inclinaisons tang φ =00096, qui donne pour les hauteurs de la trajectoire	—0m,31	—0m,93	—2m,02
Différences, entre les résultats	0,00	0,00	0,05

52. ***Les angles de projection diffèrent des angles de tir.***

En comparant l'angle de projection, qui résulte du calcul avec l'angle que fait l'axe du canon et la ligne de mire, on trouve généralement une petite différence. Avec le fusil d'infanterie, l'angle de projection est moindre que l'angle de mire; la différence des tangentes des angles est de 0,00077 et correspond à une différence de 0mm,77 sur une longueur de 1m,000. C'est comme si, au moment où la balle quitte le canon, le sommet du guidon était au-dessous du rayon visuel d'une quantité égale à 0mm,77. Cette différence pourrait provenir d'un mouvement dans l'arme imprimé par l'action du doigt sur la détente au moment du tir, ou être produite par un effet d'optique dans le pointage. Quelle qu'en soit

---

(*) On peut, par d'autres formules balistiques, déterminer sans tâtonnement la vitesse et l'angle de projection par la condition que la trajectoire passe par deux points déterminés (Voyez mon *Traité de Balistique*, pag. 116, art. 89). Nous avons indiqué le moyen qui est plus simple, et que l'on applique mieux au cas où l'on a des résultats d'expériences à plus de deux distances.

la cause, il faut en tenir compte dans l'application des formules de balistique au tir.

Le même effet se remarque avec le fusil de dragon et le mousqueton de gendarmerie; mais avec le mousqueton de cavalerie, qui est court et léger, le contraire a lieu, et l'angle de projection est plus grand que l'angle de mire. On trouve l'explication de ce relèvement de l'arme, dans ce fait que l'arme dans le recul tend à tourner autour de la crosse qui a son point d'appui à l'épaule, et que cette cause de mouvement, par suite de la faible longueur de l'arme, est plus considérable que la tendance à l'abaissement que produit le doigt sur la détente.

Avec le pistolet, l'effet du relèvement de l'arme est très-considérable. Aussi, quoique la balle s'abaisse rapidement au-dessous de la ligne de projection, à cause de sa faible vitesse, elle passe néanmoins au-dessus de la ligne suivant laquelle était dirigé l'axe du canon, au moment où l'on visait.

53. *Règles de tir avec les diverses armes portatives.*

Voici, d'après le résultat d'expériences très-étendues faites à Vincennes, en 1848 et 1849, avec les diverses armes portatives et la balle de $0^{m},0167$ de diamètre pesant environ 27 grammes, les ordonnées des trajectoires relatives à la ligne de mire, et déterminées par la quantité dont il faut viser au-dessus ou au-dessous du but pour l'atteindre (*Mémorial d'artillerie*, n° 7) :

Tableau des quantités dont il faut viser au-dessous ou au-dessus du but aux diverses distances, avec les armes portatives de l'infanterie et de la cavalerie.

Distances.	Fusil d'infanterie, modèle 1822, transformé.		Fusil double (de voltigeur corse).		Fusil de dragon.		Mousqueton de gendarmerie.		Mousqueton de cavalerie.	
	au-dessous du but.	au-dessus du but.	au-dessous du but.	au-dessus du but.	au-dessous du but.	au-dessus du but.	au-dessous du but.	au-dessus du but.	au-dessous du but.	au-dessus du but.
25^{m}.	$0^{m},07$	»	$0^{m},08$	»	$0^{m},02$	»	$0^{m},01$	»	$0^{m},06$	»
50	$0^{m},09$	»	$0^{m},12$	»	»	$0^{m},02$	»	$0^{m},04$	$0^{m},04$	»
75	$0^{m},08$	»	$0^{m},11$	»	»	$0^{m},12$	»	$0^{m},14$	»	$0^{m},10$
100	$0^{m},00$	$0^{m},00$	$0^{m},04$	»	»	$0^{m},27$	»	$0^{m},31$	»	$0^{m},36$
125	»	$0^{m},15$	»	$0^{m},10$	»	$0^{m},51$	»	$0^{m},57$	»	$0^{m},77$
150	»	$0^{m},37$	»	$0^{m},32$	»	$0^{m},84$	»	$0^{m},93$	»	$1^{m},37$
175	»	$0^{m},70$	»	$0^{m},65$	»	$1^{m},28$	»	$1^{m},41$	»	$2^{m},17$
200	»	$1^{m},15$	»	$1^{m},08$	»	$1^{m},85$	»	$2^{m},02$	»	$3^{m},21$
250	»	$2^{m},49$	»	»	»	»	»	»	»	»
300	»	$4^{m},67$	»	»	»	»	»	»	»	»
350	»	$7^{m},79$	»	»	»	»	»	»	»	»
400	»	$12^{m},40$	»	»	»	»	»	»	»	»
Distances du but en blanc,	100^{m}.		109^{m}.		42^{m}.		28^{m}.		59^{m}.	

Justesse de tir des armes portatives.

54. *Justesse de tir des armes.*

Les points d'impact des balles étant rapportés à deux axes, l'un horizontal, l'autre vertical, on peut facilement estimer et représenter par des nombres la justesse de tir d'une arme, et comparer les degrés de justesse d'une même arme à diverses distances ou ceux de diverses armes entre elles à la même distance.

La position des points d'impact des balles, tirées dans des circonstances qu'on regarde comme égales, étant déterminée comme on l'a dit, on trace sur une feuille de papier deux lignes perpendiculaires entre elles ; leur intersection représente le centre de la cible. On y figure la position des diverses balles, à une échelle réduite dans une proportion convenable, celle d'un dixième par exemple; on prend pour abscisses les écarts horizontaux rapportés à la verticale et pour ordonnées les hauteurs au-dessus de la ligne horizontale.

On place de la même manière le point d'impact moyen; puis, par ce point comme centre, l'on trace une circonférence de cercle d'un rayon tel que cette courbe comprenne la moitié des coups.

Si le nombre des coups tirés est impair, la circonférence passera par l'un des points d'impact; si le nombre des coups est pair, la circonférence passera entre deux, laissant les plus voisins à des distances égales, l'un en dedans, l'autre en dehors.

On pourra, de la même manière, déterminer le rayon du cercle qui contiendrait un dixième, deux dixièmes..... du nombre total des coups.

Nous donnons ici comme exemple la série des rayons des cercles qui renferment la meilleure moitié des coups pour le fusil d'infanterie tirant la balle ordinaire, la carabine des chasseurs tirant la balle aplatie, et la carabine tirant la balle oblongue :

Tableau de la justesse de tir des armes.

DÉSIGNATION DES ARMES.	RAYONS DES CERCLES qui renferment la moitié des balles.							
	100m.	200m.	300m.	400m.	500m.	600m.	700m.	800m.
Fusil d'infanterie, balle sphérique.	0m,38	1m,48	4m,30	9m,40	»	»	»	»
Carabine de chasseurs, modèle 1842, balle aplatie.	0m,30	0m,60	0m,90	1m,54	2m,78	4m,35	»	»
Carabine à tige, balle oblongue	0m,10	0m,15	0m,26	0m,40	0m,60	0m,94	1m,40	2m,00

On rend la comparaison de ces divers résultats bien plus facile, en traçant, comme dans la *figure* 17, le profil de l'espèce de trompe qui renfermerait la moitié des coups et qui s'élargit rapidement quand les distances augmentent. On prend les distances pour abscisses et les rayons pour ordonnées.

fig. 17.

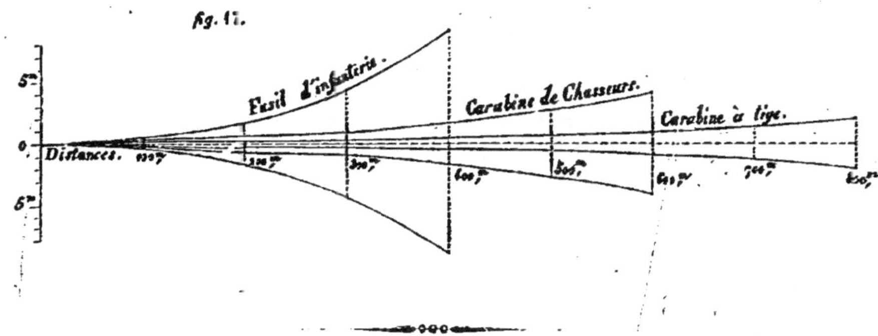

EXPLICATION DES TABLES NUMÉRIQUES

POUR LE CALCUL DES FORMULES DE BALISTIQUE.

TABLE I.—*Tangentes, sinus et cosinus naturels.* Avec cinq décimales et de 10′ en 10′ pour les 20 premiers degrés; avec quatre décimales et de degrés en degrés pour les autres arcs.

Lorsque le nombre de degrés et minutes se trouve compris entre deux nombres de la table, on trouve la quantité à ajouter au plus petit des nombres correspondants au moyen des différences et des parties proportionnelles.

1er *Exemple.* Trouver la tangente de 1°14′. Partant de 1°10′ dont la tangente est 0,02037, et de la différence égale à 0,00291 que présente la tangente de 1°20′, on fera la proportion $10' : 4' :: 0,00291 : x$, ou $x = \frac{4}{10}\,0,00291 = 0,00116$. D'où l'on déduit pour la tangente cherchée $\varphi = 0,002037 + 0,00116 = 0,02153$.

2e *exemple.* Quel est l'angle qui a 0,01510 pour tangente? Le nombre des tangentes des tables immédiatement inférieur à 0,01510 étant 0,01455 qui correspond à 0°50′ et la différence des tables étant 0,00291, on aura pour l'angle cherché

$$\varphi = 0°50' + \frac{0{,}01510 - 0{,}01455}{0{,}00291} \cdot 10' = 0°50' + 1',89 = 0°51',89,$$

ou simplement 0°,51′,9. On exprime ici les fractions de minute en décimales; la division en secondes présenterait moins de simplicité et de facilité. On opérerait de même pour les sinus.

3e *exemple.* Quel est le cosinus de l'angle dont la tangente est 0,30600 ?

Le nómbre immédiatement inférieur est 0,30573 auquel correspond le cosinus 0,9563. En remarquant que les cosinus diminuent quand les tangentes augmentent, on aura

$$\cos\varphi = 0{,}9563 - \frac{0{,}30600 - 0{,}30573}{0{,}30891 - 0{,}30573}(0{,}9563 - 0{,}9555) = 0{,}9563 - 0{,}0006 = 0{,}9557$$

Table II. — *Des hauteurs dues à différentes vitesses* depuis 100 m:s jusqu'à 520 m:s.

Quand les vitesses ne sont pas en nombres ronds de mètres, on opère pour les fractions par les parties proportionnelles, comme pour la table précédente.

Dans les tables à double entrée pour la recherche de quantités qui dépendent de deux variables, comme dans la balistique, et lorsque les différences entre les nombres consécutifs diffèrent peu l'une de l'autre, on calcule séparément, pour la ligne horizontale et pour la colonne verticale les parties proportionnelles aux différences; puis, on les ajoute l'une et l'autre au nombre de la table qui correspond aux plus petites valeurs employées tant de la ligne horizontale que de la colonne verticale; on va donner des exemples pour chacune des tables.

Table III. Valeurs de B, ou rapport des abaissements des projectiles dans l'air et dans le vide.

Pour faciliter la recherche dans la table, on disposera, sur le papier, les nombres de la table dont on a besoin, et on en formera un extrait comme pour l'exemple ci-après.

Exemple : trouver la valeur de B relative à une balle de fusil, pour laquelle $c = 224^m,4$, à la distance de 150^m, la vitesse initiale étant $V = 450^{m:s}$.

En partant des valeurs de $V = 434^{m:s},8$ et $x = 145^m,9$ auxquelles correspond $B = 1,557$, on opérera comme ci-après, en écrivant l'un au-dessus de l'autre les deux nombres qui entrent dans le coefficient B.

$B\begin{pmatrix}150^m \\ 150^{m:s}\end{pmatrix}$	$145^m,9$	$157^m,1$
434,8	1,557	1,612
456,5	1,573	

On fera ensuite les différences entre les nombres des lignes horizontales et entre les nombres des colonnes verticales, en plaçant les premières au-dessus des intervalles et les secondes à gauche; on aura alors le tableau, complété comme ci-après :

		4,1		11,2	
	B $\left(150^{m}\right.$		145,9		157,1
	$\left.450^{m:s}\right)$	»		0,055	
15,2					
	434,8		1,557		1,612
21,7		0,016			
	456,5		1,573		

La quantité additionnelle relative à la distance est, d'après les différences inscrites, le quatrième terme de la proportion

$$11,2 : 4,1 :: 0,055 : \frac{4,1}{11,2} \cdot 0,055 \text{ ou } 0,020$$

Celle qui est relative aux vitesses est le quatrième terme de la proportion

$$21,7 : 15,2 :: 0,016 : \frac{15,2}{21,7} \cdot 0,016 \text{ ou } 0,011$$

Par conséquent, le nombre cherché sera

$$1,557 + 0,020 + 0,011 = 1,588.$$

On peut remarquer que, dans le tableau ci-dessus, les termes sont disposés dans l'ordre des proportions, mais l'un au-dessus de l'autre. Un guillemet marque l'emplacement des termes cherchés.

Habituellement, dans les calculs, on se dispensera de former les proportions, et on arrivera plus simplement au résultat comme ci-après, en exprimant que la partie proportionnelle relative aux distances est $\frac{41}{112}$ de 0,055, et que celle qui se rapporte aux vitesses est les $\frac{152}{217}$ de 0,016. On opérera comme l'indique le tableau ci-après.

B (145,9; 434,8). . . . . =	1,557
$\frac{4,1}{11,2}$ 0,055	0,020
$\frac{15,2}{21,7}$ 0,016 . . .	0,011
B (150,0; 450,0) . . . . . =	1,588

Pour calculer les parties proportionnelles, la règle à calcul est très-commode.

Valeurs de I ou rapport des inclinaisons dans le vide et dans l'air. On opérera pour les valeurs de I comme pour les valeurs de B. Ayant soin d'entrer dans la table par la ligne du bas et de retrancher du résultat le produit de $V_{0}\,(1 + V_{0})$ par le nombre qui est dans la ligne indiquée correction. On remarquera que les nombres V_{0} se trouvent dans la table à la gauche de la vitesse proposée, et que lorsque celle-ci n'y est pas exactement, on la trouve facilement par les parties proportionnelles, en se contentant de deux décimales.

Exemple : Chercher la valeur de I pour $x = 150^{m}$ et $V = 450^{m:s}$; le projectile étant une balle de fusil pour laquelle on a $c = 224^{m},4$. On aura l'extrait de la table et les différences comme ci-après :

		4,1		7,9	
	$I\begin{pmatrix}150^m\\450^m\end{pmatrix}$		145,9		153,8
15,2		»		0,068	
	434,8		1,919		1,987
21,7		0,028			
	456,5		1,947		
	$V_0 = 1,03$ correct. 0,05				

I (145,9; 438,8)	= 1,919
$\frac{4,1}{7,9}$. 0,068	+ 0,035
$\frac{15,2}{21,7}$. 0,028.	+ 0,019
correct. 0,005 . 1,03 . 2,03. .	− 0,010
I (150; 450).	= 1,963

Le nombre cherché est 1,963.

Valeurs de U, ou rapport de la vitesse des projectiles dans le vide à la vitesse dans l'air (table IV).

Exemple : Trouver la valeur de U pour un obus du calibre de $0^m,22$ pesant 23^k, lancé avec une vitesse initiale de $150^{m.s}$, à la distance de 350 mètres.

Le projectile n'étant pas une balle de fusil, on doit considérer la valeur de $\frac{x}{c}$; or, pour ce projectile, on trouvera (art. 13) $\frac{1}{c} = 0{,}000908$ et $\frac{x}{c} = 350^m \times 0{,}000908 = 0{,}3178$; on entrera alors dans la table par la ligne des $\frac{x}{c}$ et on aura (table IV).

		0,0178		0,10	
	$U\begin{pmatrix}0,3178\\150\end{pmatrix}$		0,30		0,40
19,6		»		0,078	
	130,4		1,210		1,288
21,8		0,009			
	152,2		1,219		

U (0,30; 130^m,4)	= 1,210
$\frac{0,0178}{0,10}$ 0,078	+ 0,014
$\frac{19,6}{21,8}$ 0,009	+ 0,008
U (0,3178; 150^m).	= 1,232

La valeur cherchée est 1,232.

Valeurs de D, ou rapport des durées des trajets dans l'air et dans le vide. On obtiendra ces valeurs à l'aide de la table IV, comme les valeurs de U, avec cette seule différence qu'on entrera par les valeurs de x ou de $\frac{x}{c}$ du bas de la table.

Exemple : Trouver D pour un obus de $0^m,22$ pesant 23_k; la vitesse initiale étant de $150^{m.s}$ et la distance de 350^m ; on devra opérer comme dans l'exemple précédent, après avoir déterminé $\frac{1}{c} = 0{,}000908$ et $\frac{x}{c} = 0{,}3178$.

		0,180		0,195	
	$D\begin{pmatrix}0,3178\\150\end{pmatrix}$		0,198		0,393
19,6		»		0,070	
	130,4		1,067		1,137
21,8		0,002			
	152,2		1,069		»

D (0,198; 130^m,4).	= 1,067
$\frac{0,180}{0,195}$ 0,070.	+ 0,065
$\frac{19,6}{21,8}$ 0,002	+ 0,002
D (0,3178;150^m)	= 1,134

La valeur cherchée est 1,134.

Table V *des valeurs de* $\frac{x}{c}$ B *pour le calcul des portées.*

Etant donnés l'angle et la vitesse de projection, et par suite la valeur de p qui doit être égale au produit $\frac{x}{c}$ B, déterminer $\frac{x}{c}$ ou x.

Exemple : Soit une balle de fusil, pour laquelle $c = 224^m,4$, $V = 450^{m \cdot s}$, $\frac{x}{c}$ B $= 0,6068$ (exemple de l'art. 23) : D'après la valeur de $c = 224,4$, qui est celle de la table, on pourra trouver directement les distances. On cherchera dans la colonne des vitesses les deux nombres 434,8 et 456,5, qui comprennent $450^{m \cdot s}$; puis, sur la ligne horizontale du premier, on cherchera le nombre de la table immédiatement plus petit que $0^m,6090$; c'est 0,5242 qui correspond à la portée $89^m,76$ ou simplement $89^m,8$. Partant de là, on extraira de la table les nombres nécessaires, et on inscrira les différences comme dans les cas précédents, en représentant par Δx la quantité cherchée à ajouter à la portée 89,8.

On disposera le calcul comme il est indiqué ci-après :

Nombre proposé.		0,6090
$\frac{89,8}{c}$ (88,4 ; 434,8).	=	0,5242
$\frac{15,2}{21,7}$ 0,00034. . .		0,0024
$\frac{\Delta x}{11,2}$ 0,0861	=	0,0824
Somme égale.		0,6090

(Le nombre 0,0824 est calculé en faisant la somme des deux nombres qui le précèdent et en la retranchant du nombre proposé, de façon que la somme des trois nombres soit égale au nombre proposé. Cette opération peut se faire sur les nombres disposés comme ils le sont ci-dessus.)

De l'égalité $\frac{\Delta x}{11,2}\,0,0861 = 0,0824$, on tire

$$\Delta x = \frac{0,0824}{0,0861}\,11,2 = 10,7$$

A ajouter à . . .	89,8
La portée cherchée est (en mètres). . .	100,5

Si le projectile était autre qu'une balle de fusil, on calculerait c et $\frac{x}{c}$; et, en sortant de la table par des valeurs de $\frac{x}{c}$, on déterminerait celle qui correspondrait au nombre proposé. En multipliant ensuite par c cette valeur de $\frac{x}{c}$ on aurait x ou la portée cherchée.

Table VI *des valeurs de* $\frac{V_0}{\sqrt{B}} = q$ *pour déterminer les vitesses initiales.*

Étant donnés la distance du but et l'angle de projection relatif, et connaissant, par suite (art. 32), le quotient $\frac{V_e}{\sqrt{B}}=q$, déterminer la vitesse V.

On opérera comme on l'a dit pour la table V; si ce n'est que les valeurs du quotient q diminuant quand x augmente, on aura à changer le signe avec lequel la différence qui s'y rapporte entre dans le calcul.

Soit, par exemple (art. 22), $\frac{V_e}{\sqrt{B}}=0,7568$, avec une balle de fusil d'infanterie pour laquelle $c=224^m,4$ et $x=200^m$.

Cette distance est comprise entre $190^m,7$ et $202^m,0$. En descendant dans la colonne de $190^m,7$, on trouve que le nombre immédiatement moindre que le nombre proposé est 0,7476, correspondant à la vitesse $434^m,8$. Partant de là, on établira l'extrait de la table avec les différences comme ci-après, en désignant par F la fonction et par ΔV la différence proportionnelle cherchée.

$F\binom{200}{V}$		9,3	190,7	11,3	202,0
ΔV				— 0,0135	
	434,8		0,7476		0,7341
21,7		0,0322			
	456,5		0,7798		

Nombre proposé q	0,7568
F (190,7 ; 434,8).	0,7476
$-\frac{9,3}{11,3}\,0,0135$.	— 0,0111
$\frac{\Delta V}{21,7}\,0,0322$ . .	= + 0,0203
Somme égale	0,7568

(Le nombre 0,0203 est calculé en faisant la différence des deux premiers nombres et la retranchant du nombre proposé, de façon que la somme algébrique des trois nombres soit égale à ce nombre proposé. Cette opération peut se faire sur les nombres disposés comme ils le sont dans le tableau ci-dessus.)

De la valeur $\frac{\Delta V}{21,7}\,0,0322=0,0203$, on tire $\Delta V=\frac{0,0203}{0,0322}\,21,7=$ 13,7

A ajouter à	434,8
La vitesse cherchée est.	448,5

TABLES NUMÉRIQUES

POUR LE CALCUL DES FORMULES DE BALISTIQUE.

I. TABLE des tangentes, sinus et cosinus naturels.

II. TABLE des hauteurs dues à différentes vitesses.

III. TABLE des valeurs de B pour les hauteurs de la trajectoire, et de I pour les inclinaisons.

IV. TABLE des valeurs de U pour les vitesses, et de D pour les durées.

V. TABLE des valeurs de $\frac{x}{r}$ B pour le calcul des portées.

VI. TABLE des valeurs de $\frac{V_0}{\sqrt{B}}$ pour le calcul des vitesses initiales.

I. Table des tangentes, sinus et cosinus naturels.

Deg. M.	Tangente.	Sinus.	Cosinus.	Deg. M.	Tangente.	Sinus.	Cosinus.	Deg.	Tangente.	Sinus.	
0 00	0,00000	0,00000	1,0000	10 00	0,17633	0,17365	0,9848	20	0,3640	0,3420	70
10	0,00291	0,00291	1,0000	10	0,17933	0,17651	0,9843	21	0,3839	0,3584	69
20	0,00582	0,00582	1,0000	20	0,18233	0,17937	0,9838	22	0,4040	0,3746	68
30	0,00873	0,00873	1,0000	30	0,18534	0,18224	0,9833	23	0,4245	0,3907	67
40	0,01164	0,01164	0,9999	40	0,18835	0,18509	0,9827	24	0,4452	0,4067	66
50	0,01455	0,01454	0,9999	50	0,19136	0,18795	0,9822	25	0,4663	0,4226	65
1 00	0,01746	0,01745	0,9998	11 00	0,19438	0,19081	0,9816	26	0,4877	0,4384	64
10	0,02037	0,02036	0,9998	10	0,19740	0,19366	0,9811	27	0,5095	0,4540	63
20	0,02328	0,02327	0,9997	20	0,20042	0,19652	0,9805	28	0,5317	0,4695	62
30	0,02619	0,02618	0,9997	30	0,20345	0,19937	0,9799	29	0,5543	0,4848	61
40	0,02910	0,02908	0,9996	40	0,20648	0,20222	0,9793	30	0,5774	0,5000	60
50	0,03201	0,03199	0,9995	50	0,20952	0,20507	0,9787	31	0,6009	0,5150	59
2 00	0,03492	0,03490	0,9994	12 00	0,21256	0,20791	0,9781	32	0,6249	0,5299	58
10	0,03783	0,03781	0,9993	10	0,21560	0,21076	0,9775	33	0,6494	0,5446	57
20	0,04075	0,04071	0,9992	20	0,21864	0,21360	0,9769	34	0,6745	0,5592	56
30	0,04366	0,04362	0,9990	30	0,22169	0,21644	0,9763	35	0,7002	0,5736	55
40	0,04658	0,04653	0,9989	40	0,22475	0,21928	0,9757	36	0,7265	0,5878	54
50	0,04949	0,04943	0,9988	50	0,22781	0,22212	0,9750	37	0,7536	0,6018	53
3 00	0,05241	0,05234	0,9986	13 00	0,23087	0,22495	0,9744	38	0,7813	0,6157	52
10	0,05533	0,05524	0,9985	10	0,23393	0,22778	0,9737	39	0,8098	0,6293	51
20	0,05824	0,05814	0,9983	20	0,23700	0,23062	0,9730	40	0,8391	0,6428	50
30	0,06116	0,06105	0,9981	30	0,24008	0,23345	0,9724	41	0,8693	0,6561	49
40	0,06408	0,06395	0,9980	40	0,24316	0,23627	0,9717	42	0,9004	0,6691	48
50	0,06700	0,06685	0,9978	50	0,24624	0,23910	0,9710	43	0,9325	0,6820	47
4 00	0,06993	0,06976	0,9976	14 00	0,24933	0,24192	0,9703	44	0,9657	0,6947	46
10	0,07285	0,07266	0,9974	10	0,25242	0,24474	0,9696	45	1,0000	0,7071	45
20	0,07578	0,07556	0,9971	20	0,25552	0,24756	0,9689	46	1,0355	0,7193	44
30	0,07870	0,07846	0,9969	30	0,25862	0,25038	0,9681	47	1,0724	0,7314	43
40	0,08163	0,08136	0,9967	40	0,26172	0,25320	0,9674	48	1,1106	0,7431	42
50	0,08456	0,08426	0,9964	50	0,26483	0,25601	0,9667	49	1,1504	0,7547	41
5 00	0,08749	0,08716	0,9962	15 00	0,26795	0,25882	0,9659	50	1,1918	0,7660	40
10	0,09042	0,09005	0,9959	10	0,27107	0,26163	0,9652	51	1,2349	0,7771	39
20	0,09335	0,09295	0,9957	20	0,27419	0,26443	0,9644	52	1,2799	0,7880	38
30	0,09629	0,09585	0,9954	30	0,27732	0,26724	0,9636	53	1,3270	0,7986	37
40	0,09923	0,09874	0,9951	40	0,28046	0,27004	0,9628	54	1,3764	0,8090	36
50	0,10216	0,10164	0,9948	50	0,28360	0,27284	0,9621	55	1,4281	0,8192	35
6 00	0,10510	0,10453	0,9945	16 00	0,28675	0,27564	0,9613	56	1,4826	0,8290	34
10	0,10805	0,10742	0,9942	10	0,28990	0,27843	0,9605	57	1,5399	0,8387	33
20	0,11099	0,11031	0,9939	20	0,29305	0,28123	0,9596	58	1,6003	0,8480	32
30	0,11394	0,11320	0,9935	30	0,29621	0,28402	0,9588	59	1,6643	0,8572	31
40	0,11688	0,11609	0,9932	40	0,29938	0,28680	0,9580	60	1,7321	0,8660	30
50	0,11983	0,11898	0,9929	50	0,30255	0,28959	0,9572	61	1,8040	0,8746	29
7 00	0,12278	0,12187	0,9925	17 00	0,30573	0,29237	0,9563	62	1,8807	0,8829	28
10	0,12574	0,12476	0,9922	10	0,30891	0,29515	0,9555	63	1,9626	0,8910	27
20	0,12869	0,12764	0,9918	20	0,31210	0,29793	0,9546	64	2,0503	0,8988	26
30	0,13165	0,13053	0,9914	30	0,31530	0,30071	0,9537	65	2,1445	0,9063	25
40	0,13461	0,13341	0,9911	40	0,31850	0,30348	0,9528	66	2,2460	0,9135	24
50	0,13758	0,13629	0,9907	50	0,32171	0,30625	0,9520	67	2,3559	0,9205	23
8 00	0,14054	0,13917	0,9903	18 00	0,32492	0,30902	0,9511	68	2,4751	0,9272	22
10	0,14351	0,14205	0,9899	10	0,32814	0,31178	0,9502	70	2,7475	0,9397	20
20	0,14648	0,14493	0,9894	20	0,33136	0,31454	0,9492	72	3,0777	0,9511	18
30	0,14945	0,14781	0,9890	30	0,33460	0,31730	0,9483	74	3,4874	0,9613	16
40	0,15243	0,15069	0,9886	40	0,33783	0,32006	0,9474	76	4,0108	0,9703	14
50	0,15540	0,15356	0,9881	50	0,34108	0,32282	0,9465	78	4,7046	0,9781	12
9 00	0,15838	0,15643	0,9877	19 00	0,34433	0,32557	0,9455	80	5,6713	0,9848	10
10	0,16137	0,15931	0,9872	10	0,34758	0,32832	0,9446	82	7,1154	0,9903	8
20	0,16435	0,16218	0,9868	20	0,35085	0,33106	0,9436	84	9,5144	0,9945	6
30	0,16734	0,16505	0,9863	30	0,35412	0,33381	0,9426	86	14,3007	0,9976	4
40	0,17033	0,16792	0,9858	40	0,35740	0,33655	0,9417	88	28,6363	0,9994	2
50	0,17333	0,17079	0,9853	50	0,36068	0,33929	0,9407	90	Infini.	1,0000	0
10 00	0,17633	0,17365	0,9848	20 00	0,36397	0,34202	0,9397		Cotang.	Cosinus.	Deg.

II. Table des hauteurs dues a différentes vitesses.

(Le mètre et la seconde sexagésimale étant pris pour unité, $g = 9^m,8088$.)

VITESSE.	HAUTEUR.	VITESSE.	HAUTEUR.	VITESSE.	HAUTEUR.	VITESSE.	HAUTEUR.	VITESSE.	HAUTEUR.	VITESSE.	HAUTEUR.	VITESSE.	HAUTEUR.
m:s	m	m:s	m	m:s	m	m:s	m	m:s	m	m:s	m	m:s	m
100	510	160	1305	220	2467	280	3996	340	5893	400	8156	460	10786
101	520	161	1321	221	2490	281	4025	341	5927	401	8197	461	10833
102	530	162	1337	222	2512	282	4054	342	5962	402	8238	462	10880
103	541	163	1354	223	2535	283	4082	343	5997	403	8279	463	10927
104	551	164	1371	224	2557	284	4111	344	6032	404	8320	464	10974
105	562	165	1388	225	2580	285	4140	345	6067	405	8361	465	11022
106	573	166	1405	226	2603	286	4169	346	6102	406	8403	466	11069
107	584	167	1422	227	2626	287	4198	347	6138	407	8444	467	11117
108	595	168	1439	228	2649	288	4228	348	6173	408	8485	468	11164
109	606	169	1456	229	2673	289	4257	349	6209	409	8527	469	11212
110	617	170	1473	230	2696	290	4287	350	6244	410	8569	470	11260
111	628	171	1490	231	2720	291	4316	351	6280	411	8611	471	11308
112	639	172	1508	232	2743	292	4346	352	6316	412	8653	472	11356
113	651	173	1525	233	2767	293	4376	353	6352	413	8695	473	11404
114	662	174	1543	234	2791	294	4406	354	6388	414	8737	474	11453
115	674	175	1561	235	2815	295	4436	355	6424	415	8779	475	11501
116	686	176	1579	236	2839	296	4466	356	6460	416	8821	476	11549
117	698	177	1597	237	2863	297	4496	357	6497	417	8864	477	11598
118	710	178	1615	238	2887	298	4526	358	6533	418	8906	478	11647
119	722	179	1633	239	2911	299	4557	359	6569	419	8949	479	11695
120	734	180	1651	240	2936	300	4588	360	6606	420	8992	480	11744
121	746	181	1670	241	2960	301	4618	361	6643	421	9035	481	11793
122	758	182	1688	242	2985	302	4649	362	6680	422	9078	482	11842
123	771	183	1707	243	3010	303	4680	363	6717	423	9121	483	11891
124	783	184	1726	244	3034	304	4711	364	6754	424	9164	484	11941
125	797	185	1745	245	3060	305	4742	365	6791	425	9207	485	11990
126	809	186	1763	246	3085	306	4773	366	6828	426	9251	486	12040
127	822	187	1782	247	3110	307	4804	367	6866	427	9294	487	12090
128	835	188	1801	248	3135	308	4835	368	6903	428	9337	488	12139
129	848	189	1820	249	3160	309	4867	369	6940	429	9381	489	12189
130	861	190	1840	250	3186	310	4899	370	6978	430	9425	490	12239
131	875	191	1859	251	3211	311	4930	371	7016	431	9469	491	12289
132	888	192	1878	252	3237	312	4962	372	7054	432	9513	492	12339
133	901	193	1898	253	3263	313	4994	373	7092	433	9557	493	12389
134	915	194	1918	254	3289	314	5026	374	7130	434	9601	494	12440
135	929	195	1938	255	3315	315	5058	375	7168	435	9646	495	12490
136	943	196	1958	256	3341	316	5090	376	7206	436	9690	496	12541
137	957	197	1978	257	3367	317	5122	377	7245	437	9734	497	12591
138	970	198	1998	258	3393	318	5155	378	7283	438	9779	498	12642
139	984	199	2018	259	3419	319	5187	379	7322	439	9823	499	12693
140	999	200	2039	260	3446	320	5220	380	7361	440	9869	500	12744
141	1013	201	2059	261	3472	321	5252	381	7400	441	9913	501	12795
142	1028	202	2080	262	3499	322	5285	382	7438	442	9958	502	12846
143	1042	203	2100	263	3526	323	5318	383	7478	443	10003	503	12897
144	1057	204	2121	264	3553	324	5351	384	7517	444	10048	504	12948
145	1072	205	2142	265	3580	325	5384	385	7556	445	10094	505	13000
146	1086	206	2163	266	3607	326	5417	386	7595	446	10140	506	13051
147	1101	207	2184	267	3634	327	5450	387	7634	447	10185	507	13103
148	1116	208	2205	268	3661	328	5484	388	7674	448	10231	508	13155
149	1131	209	2226	269	3688	329	5517	389	7713	449	10276	509	13206
150	1147	210	2248	270	3716	330	5551	390	7753	450	10322	510	13258
151	1162	211	2269	271	3744	331	5585	391	7793	451	10368	511	13311
152	1177	212	2291	272	3771	332	5618	392	7833	452	10414	512	13363
153	1193	213	2313	273	3799	333	5652	393	7873	453	10460	513	13415
154	1209	214	2334	274	3827	334	5686	394	7913	454	10507	514	13467
155	1225	215	2356	275	3855	335	5721	395	7953	455	10553	515	13520
156	1241	216	2378	276	3883	336	5755	396	7994	456	10599	516	13572
157	1257	217	2400	277	3911	337	5789	397	8034	457	10646	517	13625
158	1273	218	2422	278	3939	338	5823	398	8075	458	10692	518	13678
159	1289	219	2444	279	3967	339	5858	399	8115	459	10739	519	13730
160	1305	220	2467	280	3996	340	5893	400	8156	460	10785	520	13784

III. Table des valeurs de B et I.

Pour B, Ordonn.		Valeurs de $\frac{x}{c}$ / Distances x (mèt.) pour $c = 224,4$.	0,00	0,05	0,10	0,15	0,20	0,25	0,30	0,35	0,40	0,45	0,50
		Distances x (mèt.) pour $c = 224,4$.	0,00	11,22	22,44	33,66	44,88	56,10	67,32	78,54	89,76	101,0	112,2
Valeurs de $V_0 = \frac{V_1}{r}$.	0,00	Vitesses pour $r = 434,77$ (mèt : sec.) 0,0	1,000	1,017	1,034	1,051	1,070	1,089	1,108	1,126	1,145	1,169	1,190
	0,05	21,7	1,000	1,018	1,036	1,053	1,074	1,093	1,113	1,133	1,156	1,177	1,200
	0,10	43,5	1,000	1,019	1,038	1,057	1,077	1,098	1,119	1,141	1,163	1,186	1,210
	0,15	65,2	1,000	1,020	1,039	1,060	1,081	1,103	1,125	1,148	1,171	1,195	1,220
	0,20	86,9	1,000	1,020	1,041	1,063	1,085	1,107	1,130	1,154	1,179	1,205	1,231
	0,25	108,7	1,000	1,021	1,043	1,065	1,088	1,112	1,136	1,161	1,187	1,214	1,241
	0,30	130,4	1,000	1,022	1,045	1,068	1,092	0,117	1,142	1,168	1,195	1,223	1,252
	0,35	152,2	1,000	1,023	1,046	1,071	1,096	1,121	1,148	1,175	1,203	1,232	1,262
	0,40	173,9	1,000	1,024	1,048	1,073	1,099	1,126	1,153	1,182	1,211	1,241	1,273
	0,45	195,7	1,000	1,025	1,050	1,076	1,103	1,131	1,159	1,189	1,219	1,251	1,283
	0,50	217,4	1,000	1,025	1,052	1,079	1,107	1,135	1,165	1,196	1,227	1,260	1,293
	0,55	239,1	1,000	1,026	1,053	1,082	1,110	1,140	1,171	1,203	1,235	1,269	1,303
	0,60	260,9	1,000	1,027	1,055	1,084	1,114	1,145	1,176	1,209	1,244	1,279	1,315
	0,65	282,6	1,000	1,028	1,057	1,087	1,118	1,149	1,182	1,216	1,252	1,288	1,326
	0,70	304,3	1,000	1,029	1,059	1,090	1,122	1,154	1,188	1,223	1,260	1,298	1,337
	0,75	326,1	1,000	1,030	1,060	1,092	1,125	1,159	1,193	1,231	1,268	1,308	1,348
	0,80	347,8	1,000	1,031	1,062	1,095	1,129	1,164	1,200	1,238	1,277	1,317	1,359
	0,85	369,5	1,000	1,031	1,064	1,098	1,133	1,169	1,206	1,245	1,285	1,327	1,370
	0,90	391,3	1,000	1,032	1,066	1,101	1,137	1,173	1,212	1,252	1,294	1,337	1,382
	0,95	413,0	1,000	1,033	1,067	1,103	1,140	1,178	1,218	1,259	1,303	1,346	1,393
	1,00	434,8	1,000	1,034	1,069	1,106	1,144	1,183	1,224	1,266	1,310	1,356	1,404
	1,05	456,5	1,000	1,035	1,071	1,109	1,148	1,188	1,230	1,273	1,319	1,366	1,415
	1,10	478,3	1,000	1,036	1,073	1,112	1,151	1,193	1,236	1,281	1,328	1,376	1,427
	1,15	500,0	1,000	1,037	1,075	1,114	1,155	1,198	1,242	1,288	1,336	1,386	1,438
	1,20	521,7	1,000	1,037	1,076	1,117	1,159	1,203	1,248	1,295	1,345	1,396	1,450
	1,25	543,5	1,000	1,038	1,078	1,120	1,163	1,207	1,254	1,303	1,353	1,406	1,461
Pour I, inclinais.		Valeurs de $\frac{x}{c}$.	0,000	0,033	0,067	0,101	0,134	0,168	0,202	0,236	0,270	0,303	0,335
		Distances x (mèt.) pour $c = 224,4$.	0,00	7,51	15,02	22,55	30,10	37,67	45,26	52,83	60,52	68,18	75,86
Correction rég. à multiplier par $V_0(1 + V_0)$.			0,000	0,000	0,000	0,000	0,000	0,000	0,000	0,001	0,001	0,001	0,001

Pour B, Ordonn.		Valeurs de $\frac{x}{c}$.	0,50	0,55	0,60	0,65	0,70	0,75	0,80	0,85	0,90	0,95	1,00
		Distances x (mèt.) pour $c = 224,4$.	112,2	123,4	134,6	145,9	157,1	168,3	179,5	190,7	202,0	213,2	224,4
Valeurs de $V_0 = \frac{V_1}{r}$.	0,00	Vitesses pour $r = 434,77$ (mèt : sec.) 0,0	1,190	1,212	1,233	1,257	1,281	1,305	1,330	1,355	1,382	1,409	1,437
	0,05	21,7	1,200	1,223	1,247	1,271	1,296	1,322	1,348	1,373	1,403	1,432	1,461
	0,10	43,5	1,210	1,234	1,259	1,285	1,311	1,339	1,366	1,393	1,425	1,455	1,486
	0,15	65,2	1,220	1,246	1,272	1,299	1,327	1,356	1,384	1,413	1,447	1,479	1,512
	0,20	86,9	1,231	1,258	1,285	1,314	1,343	1,373	1,403	1,436	1,469	1,503	1,538
	0,25	108,7	1,241	1,269	1,298	1,329	1,359	[illegible]	1,423	1,457	1,491	1,527	1,563
	0,30	130,4	1,252	1,281	1,311	1,343	1,375	1,408	1,442	1,477	1,514	1,551	1,590
	0,35	152,2	1,262	1,293	1,325	1,357	1,391	1,425	1,461	1,499	1,536	1,576	1,616
	0,40	173,9	1,273	1,305	1,338	1,372	1,407	1,443	1,481	1,520	1,559	1,601	1,643
	0,45	195,7	1,283	1,317	1,351	1,387	1,423	1,461	1,500	1,542	1,583	1,626	1,670
	0,50	217,4	1,293	1,329	1,365	1,402	1,440	1,479	1,520	1,563	1,606	1,651	1,697
	0,55	239,1	1,303	1,341	1,378	1,417	1,457	1,498	1,540	1,584	1,630	1,677	1,725
	0,60	260,9	1,315	1,353	1,392	1,432	1,473	1,516	1,560	1,606	1,654	1,703	1,753
	0,65	282,6	1,326	1,365	1,406	1,447	1,490	1,535	1,581	1,629	1,678	1,729	1,781
	0,70	304,3	1,337	1,378	1,420	1,463	1,507	1,553	1,601	1,651	1,702	1,755	1,810
	0,75	326,1	1,348	1,390	1,433	1,478	1,524	1,572	1,622	1,674	1,727	1,782	1,839
	0,80	347,8	1,359	1,403	1,447	1,494	1,542	1,591	1,643	1,698	1,751	1,809	1,868
	0,85	369,5	1,370	1,415	1,462	1,509	1,559	1,610	1,663	1,719	1,776	1,836	1,897
	0,90	391,3	1,382	1,428	1,476	1,525	1,577	1,630	1,685	1,743	1,802	1,863	1,927
	0,95	413,0	1,393	1,440	1,490	1,541	1,595	1,649	1,706	1,765	1,827	1,891	1,957
	1,00	434,8	1,404	1,453	1,504	1,557	1,613	1,669	1,728	1,789	1,853	1,919	1,987
	1,05	456,5	1,415	1,466	1,519	1,573	1,630	1,688	1,749	1,813	1,879	1,947	2,017
	1,10	478,3	1,427	1,479	1,533	1,590	1,648	1,708	1,771	1,837	1,905	1,975	2,048
	1,15	500,0	1,438	1,492	1,548	1,606	1,666	1,728	1,793	1,861	1,931	2,003	2,079
	1,20	521,7	1,450	1,505	1,563	1,623	1,684	1,749	1,816	1,886	1,958	2,033	2,111
	1,25	543,5	1,461	1,518	1,578	1,639	1,703	1,769	1,838	1,910	1,985	2,062	2,142
Pour I, inclinais.		Valeurs de $\frac{x}{c}$	0,338	0,372	0,407	0,441	0,476	0,511	0,545	0,580	0,615	0,650	0,685
		Distances x (mèt.) pour $c = 224,4$.	75,85	83,56	91,38	99,02	106,8	114,6	122,4	130,2	138,0	145,9	153,8
Correction rég. à multiplier par $V_0(1 + V_0)$.			0,001	0,002	0,002	0,003	0,003	0,003	0,004	0,004	0,005	0,005	0,006

Suite de la Table des valeurs de B et I.

Pour B, Ordonn.	Valeurs de $\frac{x}{c}$	1,00	1,05	1,10	1,15	1,20	1,25	1,30	1,35	1,40	1,45	1,50
	Distances x (mèt.) pour c = 224,4	224,4	235,6	246,8	258,1	269,3	280,5	291,7	302,9	314,2	325,4	336,6
Valeurs de $V_o = \frac{V'}{r}$.	Vitesses pour r = 434,77 (mèt ; sec.)											
0,00	0,0	1,437	1,465	1,493	1,525	1,556	1,588	1,621	1,654	1,689	1,725	1,762
0,05	21,7	1,460	1,492	1,523	1,555	1,588	1,622	1,657	1,693	1,730	1,768	1,808
0,10	43,5	1,486	1,519	1,552	1,586	1,621	1,657	1,694	1,732	1,772	1,812	1,855
0,15	65,2	1,511	1,546	1,581	1,620	1,653	1,692	1,732	1,772	1,814	1,857	1,903
0,20	86,9	1,535	1,575	1,610	1,649	1,685	1,728	1,770	1,813	1,857	1,903	1,950
0,25	108,7	1,563	1,601	1,640	1,681	1,722	1,763	1,809	1,854	1,901	1,949	1,999
0,30	130,4	1,590	1,625	1,670	1,713	1,757	1,802	1,848	1,896	1,945	1,995	2,049
0,35	152,2	1,616	1,655	1,701	1,746	1,792	1,839	1,888	1,938	1,990	2,044	2,100
0,40	173,9	1,643	1,687	1,732	1,779	1,827	1,877	1,928	1,981	2,036	2,093	2,151
0,45	195,7	1,670	1,716	1,763	1,812	1,863	1,915	1,969	2,025	2,083	2,142	2,203
0,50	217,4	1,697	1,745	1,793	1,846	1,899	1,954	2,011	2,069	2,129	2,192	2,256
0,55	239,1	1,723	1,773	1,827	1,881	1,936	1,993	2,053	2,114	2,177	2,242	2,310
0,60	260,9	1,753	1,803	1,859	1,915	1,973	2,033	2,095	2,159	2,225	2,293	2,364
0,65	282,6	1,781	1,836	1,892	1,950	2,011	2,073	2,138	2,205	2,273	2,345	2,419
0,70	304,3	1,810	1,866	1,923	1,986	2,049	2,114	2,182	2,251	2,323	2,398	2,475
0,75	326,1	1,839	1,897	1,958	2,022	2,088	2,153	2,226	2,298	2,373	2,451	2,532
0,80	347,8	1,868	1,929	1,992	2,058	2,127	2,197	2,270	2,346	2,423	2,505	2,589
0,85	369,5	1,897	1,960	2,026	2,095	2,166	2,239	2,315	2,394	2,473	2,560	2,648
0,90	391,3	1,927	1,992	2,061	2,132	2,206	2,282	2,361	2,443	2,527	2,616	2,707
0,95	413,0	1,957	2,025	2,096	2,169	2,246	2,325	2,407	2,492	2,580	2,672	2,766
1,00	434,8	1,987	2,057	2,131	2,207	2,287	2,369	2,454	2,542	2,633	2,728	2,827
1,05	456,5	2,017	2,090	2,167	2,246	2,328	2,413	2,501	2,593	2,687	2,786	2,888
1,10	478,3	2,048	2,124	2,203	2,284	2,370	2,458	2,549	2,644	2,742	2,844	2,950
1,15	500,0	2,079	2,157	2,240	2,323	2,412	2,503	2,597	2,695	2,797	2,903	3,013
1,20	521,7	2,111	2,191	2,276	2,363	2,454	2,548	2,646	2,748	2,853	2,963	3,076
1,25	543,5	2,143	2,225	2,313	2,403	2,497	2,594	2,696	2,801	2,909	3,023	3,141
Pour I, inclinais.	Valeurs de $\frac{x}{c}$	0,683	0,721	0,756	0,791	0,827	0,863	0,899	0,934	0,970	1,006	1,043
	Distances x (mèt.) pour c = 224,4	153,3	161,7	169,6	177,6	185,6	193,6	201,6	209,7	217,7	225,8	233,9
Correction nég. à multiplier par $V_o(1 + V_o)$.		0,006	0,007	0,007	0,008	0,009	0,010	0,011	0,012	0,013	0,014	0,015

Pour B, Ordonn.	Valeurs de $\frac{x}{c}$	1,50	1,55	1,60	1,65	1,70	1,75	1,80	1,85	1,90	1,95	2,00
	Distances x (mèt.) pour c = 224,4	336,6	347,8	359,0	370,3	381,5	392,7	403,9	415,1	426,3	437,6	448,8
Valeurs de $V_o = \frac{V'}{r}$.	Vitesses pour r = 434,77 (mèt ; sec.)											
0,00	0,0	1,762	1,799	1,836	1,878	1,920	1,962	2,006	2,051	2,097	2,143	2,193
0,05	21,7	1,808	1,845	1,890	1,935	1,977	2,022	2,069	2,117	2,167	2,218	2,271
0,10	43,5	1,855	1,897	1,942	1,988	2,035	2,083	2,133	2,183	2,238	2,293	2,349
0,15	65,2	1,903	1,946	1,995	2,044	2,093	2,145	2,199	2,251	2,310	2,369	2,429
0,20	86,9	1,950	1,999	2,049	2,101	2,153	2,209	2,265	2,321	2,384	2,446	2,511
0,25	108,7	1,999	2,051	2,104	2,158	2,215	2,273	2,333	2,393	2,459	2,525	2,594
0,30	130,4	2,049	2,103	2,159	2,217	2,277	2,339	2,402	2,468	2,536	2,606	2,678
0,35	152,2	2,100	2,157	2,216	2,277	2,340	2,405	2,473	2,542	2,614	2,688	2,765
0,40	173,9	2,151	2,211	2,274	2,339	2,403	2,473	2,544	2,617	2,693	2,771	2,852
0,45	195,7	2,203	2,267	2,332	2,400	2,470	2,542	2,617	2,694	2,774	2,857	2,942
0,50	217,4	2,256	2,323	2,391	2,463	2,536	2,612	2,691	2,772	2,856	2,945	3,033
0,55	239,1	2,310	2,380	2,452	2,526	2,603	2,683	2,766	2,851	2,940	3,031	3,126
0,60	260,9	2,364	2,437	2,513	2,591	2,672	2,754	2,842	2,932	3,025	3,121	3,220
0,65	282,6	2,419	2,496	2,575	2,657	2,742	2,829	2,920	3,014	3,111	3,212	3,316
0,70	304,3	2,475	2,555	2,638	2,723	2,812	2,903	2,999	3,097	3,199	3,304	3,413
0,75	326,1	2,532	2,615	2,702	2,791	2,884	2,979	3,079	3,181	3,288	3,398	3,512
0,80	347,8	2,589	2,676	2,766	2,860	2,956	3,056	3,160	3,267	3,379	3,493	3,613
0,85	369,5	2,648	2,738	2,832	2,929	3,030	3,134	3,242	3,353	3,472	3,591	3,715
0,90	391,3	2,707	2,801	2,898	3,000	3,105	3,213	3,326	3,443	3,565	3,689	3,819
0,95	413,0	2,766	2,864	2,966	3,071	3,180	3,293	3,411	3,532	3,659	3,790	3,923
1,00	434,8	2,827	2,928	3,034	3,144	3,257	3,375	3,497	3,623	3,755	3,891	4,032
1,05	456,5	2,888	2,993	3,103	3,217	3,335	3,457	3,584	3,716	3,852	3,995	4,141
1,10	478,3	2,950	3,059	3,173	3,291	3,414	3,541	3,673	3,809	3,951	4,099	4,251
1,15	500,0	3,013	3,126	3,244	3,367	3,494	3,625	3,762	3,904	4,052	4,205	4,363
1,20	521,7	3,076	3,193	3,316	3,443	3,575	3,711	3,853	4,000	4,153	4,312	4,477
1,25	543,5	3,141	3,262	3,389	3,520	3,657	3,798	3,945	4,098	4,257	4,421	4,592
Pour I, inclinais.	Valeurs de $\frac{x}{c}$	1,043	1,079	1,115	1,152	1,188	1,225	1,261	1,298	1,335	1,372	1,409
	Distances x (mèt.) pour c = 224,4	233,9	242,1	250,2	258,4	266,6	274,8	283,0	291,3	299,5	307,9	316,2
Correction nég. à multiplier par $V_o(1 + V_o)$.		0,015	0,017	0,018	0,019	0,021	0,022	0,024	0,025	0,027	0,029	0,031

IV. Valeurs de U pour les vitesses, et de D pour les durées.

		0,00	0,10	0,20	0,30	0,40	0,50	0,60	0,70	0,80	0,90	1,00
Pour U, Vitesses.	Valeurs de $\frac{x}{c}$	0,00	0,10	0,20	0,30	0,40	0,50	0,60	0,70	0,80	0,90	1,00
	Valeurs de x (mèt.) pour $c = 224,4$.	00,00	22,44	44,89	67,33	89,76	112,2	134,6	157,1	179,5	202,0	224,4
Valeurs de $V_0 = \frac{V}{r}$.	Vitesses pour $r = 434,77$ (mèt. : sec.)											
0,00	0,00	1,000	1,031	1,103	1,163	1,231	1,288	1,350	1,419	1,493	1,568	1,649
0,05	21,7	1,000	1,034	1,110	1,170	1,233	1,298	1,367	1,440	1,516	1,597	1,681
0,10	43,5	1,000	1,036	1,116	1,178	1,244	1,312	1,383	1,461	1,542	1,625	1,714
0,15	65,2	1,000	1,039	1,121	1,186	1,255	1,327	1,402	1,482	1,566	1,654	1,746
0,20	86,9	1,000	1,062	1,126	1,194	1,266	1,341	1,420	1,503	1,590	1,682	1,779
0,25	108,7	1,000	1,064	1,132	1,202	1,277	1,355	1,437	1,524	1,615	1,710	1,811
0,30	130,4	1,000	1,067	1,137	1,210	1,288	1,369	1,455	1,545	1,639	1,739	1,843
0,35	152,2	1,000	1,069	1,142	1,219	1,299	1,383	1,472	1,566	1,664	1,767	1,876
0,40	173,9	1,000	1,072	1,147	1,227	1,310	1,398	1,490	1,587	1,689	1,795	1,908
0,45	195,7	1,000	1,074	1,153	1,235	1,321	1,412	1,507	1,608	1,713	1,823	1,941
0,50	217,4	1,000	1,077	1,158	1,243	1,332	1,426	1,525	1,629	1,738	1,853	1,973
0,55	239,1	1,000	1,080	1,163	1,251	1,343	1,440	1,542	1,650	1,762	1,881	2,006
0,60	260,9	1,000	1,082	1,168	1,259	1,354	1,454	1,560	1,671	1,787	1,909	2,038
0,65	282,6	1,000	1,085	1,173	1,267	1,365	1,469	1,577	1,692	1,812	1,938	2,070
0,70	304,3	1,000	1,087	1,179	1,275	1,376	1,483	1,595	1,712	1,836	1,966	2,103
0,75	326,1	1,000	1,090	1,184	1,283	1,388	1,497	1,612	1,733	1,861	1,995	2,135
0,80	347,8	1,000	1,092	1,189	1,291	1,399	1,511	1,630	1,754	1,885	2,023	2,168
0,85	369,5	1,000	1,095	1,195	1,299	1,410	1,525	1,647	1,775	1,910	2,051	2,200
0,90	391,3	1,000	1,097	1,200	1,308	1,421	1,540	1,665	1,796	1,935	2,080	2,233
0,95	413,0	1,000	1,100	1,205	1,316	1,432	1,554	1,682	1,817	1,959	2,108	2,265
1,00	434,8	1,000	1,103	1,210	1,324	1,443	1,568	1,700	1,838	1,984	2,137	2,297
1,05	456,5	1,000	1,105	1,216	1,332	1,454	1,582	1,717	1,859	2,008	2,165	2,330
1,10	478,3	1,000	1,108	1,221	1,340	1,465	1,597	1,735	1,880	2,033	2,193	2,362
1,15	500,1	1,000	1,110	1,226	1,348	1,476	1,611	1,752	1,901	2,057	2,222	2,395
1,20	521,7	1,000	1,113	1,231	1,356	1,487	1,625	1,770	1,922	2,082	2,250	2,427
1,25	543,5	1,000	1,115	1,237	1,364	1,498	1,639	1,787	1,943	2,107	2,278	2,460
Pour D, Durées.	Valeurs de x (mèt.) pour $c = 224,4$.	0,00	44,52	88,28	131,8	175,9	215,8	257,0	297,7	337,9	377,6	416,3
	Valeurs de $\frac{x}{c}$	0,000	0,198	0,393	0,585	0,775	0,962	1,146	1,327	1,506	1,683	1,858

		1,00	1,10	1,20	1,30	1,40	1,50	1,60	1,70	1,80	1,90	2,00
Pour U, Vitesses.	Valeurs de $\frac{x}{c}$	1,00	1,10	1,20	1,30	1,40	1,50	1,60	1,70	1,80	1,90	2,00
	Valeurs de x (mèt.) pour $c = 224,4$.	224,4	246,8	269,3	291,7	314,2	336,6	359,0	381,5	403,9	426,4	448,8
Valeurs de $V_0 = \frac{V}{r}$.	Vitesses pour $r = 434,77$ (mèt. : sec.)											
0,00	0,00	1,649	1,735	1,822	1,916	2,014	2,117	2,226	2,339	2,460	2,586	2,718
0,05	21,7	1,681	1,770	1,863	1,961	2,064	2,173	2,287	2,407	2,533	2,665	2,804
0,10	43,5	1,714	1,807	1,904	2,007	2,115	2,229	2,348	2,474	2,606	2,744	2,890
0,15	65,2	1,746	1,843	1,945	2,053	2,166	2,285	2,409	2,541	2,679	2,824	2,976
0,20	86,9	1,779	1,880	1,987	2,099	2,217	2,340	2,471	2,608	2,752	2,903	3,062
0,25	108,7	1,811	1,917	2,028	2,144	2,267	2,396	2,532	2,675	2,825	2,982	3,148
0,30	130,4	1,843	1,953	2,069	2,190	2,318	2,452	2,593	2,742	2,898	3,061	3,234
0,35	152,2	1,876	1,990	2,110	2,236	2,369	2,508	2,655	2,809	2,971	3,141	3,320
0,40	173,9	1,908	2,027	2,151	2,282	2,419	2,564	2,716	2,876	3,043	3,220	3,406
0,45	195,7	1,941	2,063	2,192	2,328	2,470	2,620	2,777	2,943	3,116	3,299	3,492
0,50	217,4	1,973	2,100	2,233	2,373	2,521	2,676	2,838	3,010	3,189	3,379	3,577
0,55	239,1	2,006	2,137	2,274	2,419	2,571	2,731	2,900	3,077	3,262	3,458	3,663
0,60	260,9	2,038	2,173	2,315	2,465	2,622	2,787	2,961	3,143	3,335	3,537	3,749
0,65	282,6	2,070	2,210	2,357	2,511	2,673	2,843	3,022	3,210	3,408	3,616	3,835
0,70	304,3	2,103	2,247	2,398	2,556	2,723	2,899	3,083	3,277	3,481	3,696	3,921
0,75	326,1	2,135	2,283	2,439	2,602	2,774	2,955	3,145	3,344	3,554	3,775	4,007
0,80	347,8	2,168	2,320	2,480	2,648	2,825	3,011	3,206	3,411	3,627	3,854	4,093
0,85	369,5	2,200	2,357	2,521	2,694	2,875	3,066	3,267	3,478	3,700	3,935	4,179
0,90	391,3	2,233	2,393	2,562	2,740	2,926	3,122	3,329	3,545	3,773	4,013	4,265
0,95	413,0	2,265	2,430	2,603	2,785	2,977	3,178	3,390	3,612	3,846	4,092	4,351
1,00	434,8	2,297	2,467	2,644	2,831	3,028	3,234	3,451	3,679	3,919	4,171	4,437
1,05	456,5	2,330	2,503	2,685	2,877	3,078	3,290	3,512	3,746	3,992	4,251	4,523
1,10	478,3	2,362	2,540	2,726	2,923	3,129	3,346	3,574	3,813	4,065	4,330	4,608
1,15	500,1	2,395	2,577	2,768	2,968	3,180	3,402	3,635	3,880	4,138	4,409	4,694
1,20	521,7	2,427	2,613	2,809	3,014	3,230	3,457	3,696	3,947	4,211	4,489	4,780
1,25	543,5	2,460	2,650	2,850	3,060	3,281	3,513	3,758	4,014	4,284	4,568	4,866
Pour D, Durées.	Valeurs de x (mèt.) pour $c = 224,4$.	416,3	455,3	531,6	531,6	569,0	606,0	642,6	678,9	714,9	750,5	785,8
	Valeurs de $\frac{x}{c}$	1,858	2,030	2,369	2,369	2,535	2,701	2,864	3,026	3,186	3,344	3,501

V. Tables des valeurs de $\frac{x}{c}$ B pour le calcul des portées.

Valeurs de $\frac{x}{c}$		0,00	0,05	0,10	0,15	0,20	0,25	0,30	0,35	0,40	0,45	0,50
Valeurs de x (mèt.) pour c = 224,4		00,0	11,22	22,44	33,66	44,88	56,10	67,32	78,54	89,76	101,0	112,2
Valeurs de $V_0 = \frac{V_1}{r}$	Vitesses pour r = 434,77 (mèt : sec.)											
0,00	00,0	0,000	0,0508	0,1033	0,1578	0,2140	0,2722	0,3323	0,3947	0,4591	0,5258	0,5949
0,05	21,7	0,000	0,0509	0,1036	0,1582	0,2148	0,2733	0,3340	0,3970	0,4612	0,5298	0,6000
0,10	43,5	0,000	0,0509	0,1038	0,1586	0,2155	0,2745	0,3357	0,3993	0,4634	0,5339	0,6051
0,15	65,2	0,000	0,0510	0,1039	0,1590	0,2162	0,2757	0,3374	0,4017	0,4685	0,5379	0,6102
0,20	86,9	0,000	0,0510	0,1041	0,1593	0,2169	0,2768	0,3391	0,4040	0,4716	0,5420	0,6153
0,25	108,7	0,000	0,0511	0,1043	0,1598	0,2177	0,2780	0,3408	0,4063	0,4745	0,5461	0,6206
0,30	130,4	0,000	0,0511	0,1045	0,1602	0,2184	0,2791	0,3425	0,4088	0,4780	0,5503	0,6258
0,35	152,2	0,000	0,0511	0,1046	0,1606	0,2191	0,2803	0,3443	0,4112	0,4812	0,5544	0,6310
0,40	173,9	0,000	0,0512	0,1048	0,1610	0,2199	0,2815	0,3460	0,4136	0,4845	0,5586	0,6363
0,45	195,7	0,000	0,0512	0,1050	0,1614	0,2206	0,2826	0,3477	0,4160	0,4877	0,5628	0,6416
0,50	217,4	0,000	0,0513	0,1052	0,1618	0,2213	0,2838	0,3494	0,4184	0,4903	0,5670	0,6470
0,55	239,1	0,000	0,0513	0,1053	0,1622	0,2221	0,2850	0,3512	0,4209	0,4943	0,5712	0,6523
0,60	260,9	0,000	0,0514	0,1055	0,1626	0,2228	0,2862	0,3529	0,4233	0,4978	0,5755	0,6577
0,65	282,6	0,000	0,0514	0,1057	0,1630	0,2236	0,2874	0,3547	0,4257	0,5007	0,5797	0,6632
0,70	304,3	0,000	0,0514	0,1059	0,1634	0,2243	0,2886	0,3564	0,4282	0,5040	0,5841	0,6686
0,75	326,1	0,000	0,0515	0,1060	0,1638	0,2250	0,2897	0,3582	0,4307	0,5074	0,5884	0,6741
0,80	347,8	0,000	0,0515	0,1062	0,1643	0,2258	0,2909	0,3600	0,4332	0,5107	0,5927	0,6796
0,85	369,5	0,000	0,0516	0,1064	0,1647	0,2265	0,2921	0,3617	0,4356	0,5140	0,5971	0,6852
0,90	391,3	0,000	0,0516	0,1066	0,1651	0,2273	0,2933	0,3635	0,4381	0,5174	0,6015	0,6908
0,95	413,0	0,000	0,0517	0,1067	0,1655	0,2280	0,2946	0,3653	0,4407	0,5208	0,6059	0,6964
1,00	434,8	0,000	0,0517	0,1069	0,1659	0,2288	0,2958	0,3671	0,4432	0,5242	0,6103	0,7020
1,05	456,5	0,000	0,0517	0,1071	0,1663	0,2295	0,2970	0,3689	0,4457	0,5276	0,6147	0,7076
1,10	478,3	0,000	0,0518	0,1073	0,1667	0,2303	0,2982	0,3707	0,4482	0,5310	0,6192	0,7133
1,15	500,0	0,000	0,0518	0,1075	0,1671	0,2310	0,2993	0,3725	0,4508	0,5344	0,6237	0,7191
1,20	521,7	0,000	0,0519	0,1076	0,1676	0,2318	0,3006	0,3743	0,4533	0,5379	0,6282	0,7248
1,25	543,5	0,000	0,0519	0,1078	0,1680	0,2326	0,3019	0,3761	0,4559	0,5414	0,6327	0,7306

Valeurs de $\frac{x}{c}$		0,50	0,55	0,60	0,65	0,70	0,75	0,80	0,85	0,90	0,95	1,00
Distances x (mèt.) pour c = 224^m,4		112,2	123,4	134,6	145,9	157,1	168,3	179,5	190,7	202,0	213,2	224,4
Valeurs de $V_0 = \frac{V_1}{r}$	Vitesses pour r = 434,77 (mèt : sec.)											
0,00	00,0	0,5949	0,6653	0,7403	0,8174	0,8963	0,9766	1,0638	1,1521	1,2433	1,3384	1,4365
0,05	21,7	0,6000	0,6717	0,7480	0,8262	0,9073	0,9912	1,0785	1,1689	1,2628	1,3603	1,4615
0,10	43,5	0,6051	0,6784	0,7556	0,8353	0,9180	1,0039	1,0931	1,1860	1,2823	1,3823	1,4863
0,15	65,2	0,6102	0,6852	0,7633	0,8443	0,9290	1,0167	1,1080	1,2031	1,3020	1,4050	1,5118
0,20	86,9	0,6153	0,6916	0,7711	0,8535	0,9400	1,0296	1,1230	1,2205	1,3219	1,4276	1,5375
0,25	108,7	0,6206	0,6981	0,7789	0,8632	0,9511	1,0427	1,1382	1,2380	1,3420	1,4503	1,5634
0,30	130,4	0,6258	0,7045	0,7868	0,8726	0,9623	1,0558	1,1533	1,2558	1,3622	1,4736	1,5896
0,35	152,2	0,6310	0,7110	0,7947	0,8822	0,9736	1,0691	1,1690	1,2737	1,3828	1,4970	1,6162
0,40	173,9	0,6363	0,7175	0,8027	0,8917	0,9850	1,0824	1,1846	1,2917	1,4033	1,5207	1,6430
0,45	195,7	0,6416	0,7241	0,8107	0,9014	0,9964	1,0959	1,2002	1,3099	1,4243	1,5445	1,6701
0,50	217,4	0,6470	0,7307	0,8188	0,9111	1,0080	1,1095	1,2161	1,3282	1,4455	1,5686	1,6974
0,55	239,1	0,6523	0,7374	0,8269	0,9209	1,0196	1,1232	1,2321	1,3467	1,4667	1,5930	1,7251
0,60	260,9	0,6577	0,7441	0,8351	0,9307	1,0313	1,1370	1,2482	1,3654	1,4882	1,6176	1,7530
0,65	282,6	0,6632	0,7509	0,8433	0,9407	1,0431	1,1510	1,2645	1,3843	1,5100	1,6423	1,7813
0,70	304,3	0,6686	0,7577	0,8517	0,9507	1,0551	1,1650	1,2809	1,4034	1,5319	1,6673	1,8098
0,75	326,1	0,6741	0,7645	0,8600	0,9608	1,0671	1,1791	1,2975	1,4225	1,5539	1,6927	1,8386
0,80	347,8	0,6796	0,7718	0,8684	0,9709	1,0792	1,1933	1,3141	1,4419	1,5763	1,7183	1,8676
0,85	369,5	0,6852	0,7785	0,8769	0,9811	1,0914	1,2077	1,3309	1,4614	1,5988	1,7440	1,8970
0,90	391,3	0,6908	0,7853	0,8854	0,9914	1,1036	1,2222	1,3478	1,4811	1,6215	1,7700	1,9267
0,95	413,0	0,6964	0,7921	0,8940	1,0018	1,1159	1,2368	1,3649	1,5009	1,6444	1,7964	1,9566
1,00	434,8	0,7020	0,7991	0,9026	1,0122	1,1283	1,2515	1,3821	1,5210	1,6675	1,8229	1,9868
1,05	456,5	0,7076	0,8061	0,9113	1,0226	1,1409	1,2663	1,3995	1,5411	1,6909	1,8495	2,0173
1,10	478,3	0,7133	0,8133	0,9200	1,0331	1,1535	1,2812	1,4170	1,5615	1,7144	1,8763	2,0481
1,15	500,0	0,7191	0,8206	0,9289	1,0438	1,1663	1,2963	1,4346	1,5819	1,7382	1,9037	2,0792
1,20	521,7	0,7248	0,8278	0,9377	1,0546	1,1792	1,3115	1,4523	1,6027	1,7621	1,9312	2,1105
1,25	543,5	0,7306	0,8350	0,9466	1,0653	1,1920	1,3268	1,4702	1,6236	1,7864	1,9588	2,1422

VI. Table des valeurs de $\frac{V_o}{\sqrt{B_o}}$, pour le calcul des vitesses initiales.

Valeurs de $V_o = \frac{V_1}{r}$	Vitesses pour $r = 434,47$ (mèt : sec.)	Valeurs de $\frac{x}{c}$: 0,00	0,05	0,10	0,15	0,20	0,25	0,30	0,35	0,40	0,45	0,50
	Distances x (mèt.) pour c = 224,4	0,00	11,22	22,44	33,66	44,88	56,10	67,32	78,54	89,76	101,0	112,2
		0,	0,	0,	0,	0,	0,	0,	0,	0,	0,	0,
0,05	21,7	,00000	,04936	,04913	,04869	,04825	,04782	,04738	,04695	,04651	,04608	,04564
0,10	43,5	,00000	,09905	,09816	,09723	,09634	,09543	,09453	,09362	,09271	,09181	,09091
0,15	65,2	,00000	,14857	,14715	,14569	,14426	,14284	,14143	,14001	,13860	,13719	,13778
0,20	86,9	,00000	,19800	,19604	,19408	,19204	,19007	,18811	,18614	,18418	,18223	,18028
0,25	108,7	,00000	,24739	,24480	,24221	,23963	,23705	,23454	,23200	,22943	,22693	,22440
0,30	130,4	,00000	,29673	,29351	,29029	,28710	,28393	,28073	,27759	,27444	,27130	,26818
0,35	152,2	0,0000	0,3461	0,3422	0,3383	0,3344	0,3306	0,3267	0,3229	0,3191	0,3153	0,3116
0,40	173,9	0,0000	0,3953	0,3907	0,3861	0,3815	0,3770	0,3725	0,3680	0,3633	0,3590	0,3546
0,45	195,7	0,0000	0,4446	0,4392	0,4338	0,4285	0,4232	0,4180	0,4126	0,4075	0,4023	0,3973
0,50	217,4	0,0000	0,4938	0,4876	0,4815	0,4753	0,4693	0,4633	0,4573	0,4513	0,4454	0,4396
0,55	239,1	0,0000	0,5429	0,5359	0,5289	0,5220	0,5152	0,5084	0,5016	0,4948	0,4881	0,4815
0,60	260,9	0,0000	0,5920	0,5841	0,5762	0,5685	0,5608	0,5532	0,5456	0,5380	0,5305	0,5231
0,65	282,6	0,0000	0,6411	0,6323	0,6235	0,6148	0,6063	0,5978	0,5894	0,5810	0,5727	0,5643
0,70	304,3	0,0000	0,6901	0,6803	0,6706	0,6610	0,6516	0,6422	0,6329	0,6236	0,6144	0,6033
0,75	326,1	0,0000	0,7391	0,7283	0,7176	0,7071	0,6967	0,6864	0,6761	0,6659	0,6558	0,6439
0,80	347,8	0,0000	0,7880	0,7762	0,7645	0,7530	0,7416	0,7303	0,7191	0,7080	0,6971	0,6862
0,85	369,5	0,0000	0,8370	0,8241	0,8113	0,7987	0,7863	0,7741	0,7619	0,7499	0,7379	0,7261
0,90	391,3	0,0000	0,8857	0,8717	0,8579	0,8443	0,8309	0,8176	0,8044	0,7913	0,7784	0,7657
0,95	413,0	0,0000	0,9347	0,9195	0,9045	0,8897	0,8752	0,8609	0,8467	0,8327	0,8188	0,8051
1,00	434,8	0,0000	0,9834	0,9671	0,9509	0,9349	0,9191	0,9030	0,8887	0,8736	0,8587	0,8439
1,05	456,5	0,0000	1,0322	1,0145	0,9971	0,9801	0,9634	0,9469	0,9303	0,9145	0,8988	0,8526
1,10	478,3	0,0000	1,0809	1,0620	1,0434	1,0251	1,0072	0,9895	0,9720	0,9547	0,9377	0,9210
1,15	500,0	0,0000	1,1293	1,1094	1,0895	1,0700	1,0508	1,0320	1,0134	0,9949	0,9768	0,9590
1,20	521,7	0,0000	1,1781	1,1566	1,1354	1,1146	1,0942	1,0741	1,0543	1,0348	1,0156	0,9967
1,25	543,5	0,0000	1,2267	1,2038	1,1813	1,1592	1,1375	1,1162	1,0952	1,0745	1,0541	1,0341

Valeurs de $V_o = \frac{V_1}{r}$	Vitesses pour $r = 434,47$ (mèt : sec.)	Valeurs de $\frac{x}{c}$: 0,50	0,55	0,60	0,65	0,70	0,75	0,80	0,85	0,90	0,95	1,00
	Distances x (mèt.) pour c = 224,4	112,2	123,4	134,6	145,9	157,1	168,3	179,5	190,7	202,0	213,2	224,4
		0,	0,	0,	0,	0,	0,	0,	0,	0,	0,	0,
0,05	21,7	,04564	,04521	,04478	,04435	,04392	,04349	,04306	,04263	,04221	,04178	,04136
0,10	43,5	,09091	,09001	,08911	,08821	,08732	,08643	,08555	,08466	,08378	,08289	,08202
0,15	65,2	,13776	,13436	,13299	,13160	,13021	,12883	,12746	,12608	,12471	,12334	,12198
0,20	86,9	,18028	,17835	,17643	,17451	,17259	,17069	,16880	,16691	,16503	,16315	,16128
0,25	108,7	,22440	,22190	,21942	,21694	,21445	,21203	,20958	,20715	,20473	,20233	,19993
0,30	130,4	,26818	,26507	,26198	,25891	,25585	,25283	,24983	,24682	,24385	,24087	,23793
0,35	152,2	0,3116	0,3078	0,3041	0,300	0,2968	0,2932	0,2895	0,2859	0,2824	0,2788	0,2753
0,40	173,9	0,3546	0,3502	0,3458	0,3415	0,3372	0,3330	0,3287	0,3245	0,3203	0,3162	0,3121
0,45	195,7	0,3973	0,3922	0,3871	0,3821	0,3772	0,3723	0,3674	0,3625	0,3577	0,3529	0,3482
0,50	217,4	0,4396	0,4338	0,4280	0,4223	0,4167	0,4111	0,4055	0,4000	0,3945	0,3891	0,3838
0,55	239,1	0,4815	0,4750	0,4685	0,4621	0,4557	0,4494	0,4432	0,4370	0,4309	0,4247	0,4187
0,60	260,9	0,5231	0,5158	0,5086	0,5014	0,4943	0,4873	0,4804	0,4735	0,4666	0,4598	0,4531
0,65	282,6	0,5643	0,5563	0,5483	0,5403	0,5325	0,5247	0,5170	0,5093	0,5018	0,4943	0,4870
0,70	304,3	0,6033	0,5964	0,5875	0,5788	0,5702	0,5616	0,5532	0,5448	0,5365	0,5283	0,5203
0,75	326,1	0,6439	0,6361	0,6264	0,6169	0,6075	0,5981	0,5889	0,5798	0,5708	0,5619	0,5531
0,80	347,8	0,6862	0,6753	0,6650	0,6546	0,6443	0,6342	0,6242	0,6143	0,6045	0,5949	0,5853
0,85	369,5	0,7261	0,7145	0,7031	0,6919	0,6808	0,6698	0,6589	0,6482	0,6377	0,6273	0,6171
0,90	391,3	0,7657	0,7532	0,7409	0,7288	0,7168	0,7050	0,6934	0,6819	0,6706	0,6594	0,6484
0,95	413,0	0,8051	0,7916	0,7783	0,7652	0,7524	0,7398	0,7275	0,7149	0,7028	0,6909	0,6792
1,00	434,8	0,8439	0,8295	0,8153	0,8014	0,7876	0,7741	0,7608	0,7476	0,7341	0,7219	0,7094
1,05	456,5	0,8826	0,8671	0,8520	0,8371	0,8223	0,8081	0,7939	0,7798	0,7660	0,7525	0,7393
1,10	478,3	0,9210	0,9045	0,8883	0,8725	0,8570	0,8417	0,8265	0,8116	0,7970	0,7827	0,7686
1,15	500,0	0,9590	0,9415	0,9243	0,9073	0,8909	0,8747	0,8589	0,8430	0,8273	0,8124	0,7975
1,20	521,7	0,9967	0,9781	0,9599	0,9421	0,9246	0,9075	0,89	0,8739	0,8576	0,8416	0,8260
1,25	543,5	1,0341	1,0165	0,9033	0,9764	0,9579	0,9398	0,9	0,9045	0,8873	0,8705	0,8540

DU MÊME AUTEUR :

TRAITÉ DE BALISTIQUE.

Un vol. in-8, suivi de 6 planches. — 1848. — Prix : 8 fr.

PARIS. — IMPRIMERIE DE COSSE ET J. DUMAINE, RUE CHRISTINE, 2.

www.ingramcontent.com/pod-product-compliance
Lightning Source LLC
LaVergne TN
LVHW021734080426
835510LV00010B/1247

* 9 7 8 2 0 1 9 2 0 1 0 6 7 *